# BEI GRIN MACHT SICH IHR WISSEN BEZAHLT

Udo Seemann

# Tangenten und Normalen an Funktionen

**Berechnung von Tangenten und Normalen an Funktionsgraphen, die durch einen vorgegebenen Punkt verlaufen, der nicht auf dem Graphen der Funktion liegt**

GRIN Verlag

**Bibliografische Information der Deutschen Nationalbibliothek:**

Die Deutsche Bibliothek verzeichnet diese Publikation in der Deutschen National-
bibliografie; detaillierte bibliografische Daten sind im Internet über http://dnb.d-
nb.de/ abrufbar.

**Impressum:**

Copyright © 2010 GRIN Verlag GmbH
Druck und Bindung: Books on Demand GmbH, Norderstedt Germany
ISBN: 978-3-640-54263-5

**Dieses Buch bei GRIN:**

http://www.grin.com/de/e-book/145401/tangenten-und-normalen-an-funktionen

**GRIN - Your knowledge has value**

Der GRIN Verlag publiziert seit 1998 wissenschaftliche Arbeiten von Studenten, Hochschullehrern und anderen Akademikern als eBook und gedrucktes Buch. Die Verlagswebsite www.grin.com ist die ideale Plattform zur Veröffentlichung von Hausarbeiten, Abschlussarbeiten, wissenschaftlichen Aufsätzen, Dissertationen und Fachbüchern.

**Besuchen Sie uns im Internet:**

http://www.grin.com/

http://www.facebook.com/grincom

http://www.twitter.com/grin_com

# Tangenten und Normalen

Berechnung von Tangenten und Normalen an Funktionsgraphen, die durch einen vorgegebenen Punkt verlaufen, der nicht auf dem Graphen der Funktion liegt

Dr. Udo Seemann

# Einleitung

Bei der Bearbeitung von Funktionen in der gymnasialen Oberstufe wird auch auf die Berechnung von Tangenten und Normalen an den Graphen einer Funktion eingegangen. Wird ein Punkt in der Form $P( x / f(x) )$ vorgegeben, so stellt es in der Regel kein Problem für die Schüler dar, über die Punkt-Steigungs-Form die Gleichung der Tangente an den Graphen im Punkt P zu ermitteln. Auch mit der Normalen sind meist keine Probleme verbunden, sofern die Schüler die Beziehung $m_T \cdot m_N = -1$ kennen.

Deutlich mehr Schwierigkeiten treten auf, wenn der Punkt nicht mehr auf dem Graphen der Funktion liegt, sondern in allgemeiner Lage vorgegeben ist. Der Übergang

$$P(x / f(x)) \rightarrow P(x / y)$$

führt häufig dazu, dass für die Lösung der Aufgabe kein schlüssiges Konzept mehr erstellt werden kann. Es werden dann verschiedene Rechenwege angegangen, die, wenn überhaupt dann nur zufällig, zum richtigen Ergebnis führen.

Ziel des vorliegenden Skripts ist es, den Schülern ein allgemein anwendbares Vorgehen für die Lösung dieser Problemstellungen an die Hand zu geben. Insbesondere wird hierbei darauf geachtet, dass eine immer wieder kehrende Struktur in den Aufgaben erkennbar wird und damit dem Schüler eine entsprechende Sicherheit in der folgerichtigen Bearbeitung gegeben wird. Damit ist es dann möglich, auch andere Funktionen und bisher nicht berücksichtigte Problemstellungen erfolgreich anzugehen.

Aus dieser Intention ergibt sich, dass auf theoretische Erläuterungen fast vollständig verzichtet wird. Erkenntnisse allgemeiner Natur werden aus den Beobachtungen an einzelnen Aufgaben abgeleitet.

In den Aufgaben 1 bis 16 werden ganzrationale Funktionen, gebrochen rationale Funktionen sowie Funktionen mit einem Parameter behandelt. Die Bearbeitung erfolgt immer nach dem unten dargestellten Ablaufschema.

Bei den Aufgaben 17 bis 20 wird die Bearbeitung ebenfalls auf die bis dahin erarbeitete und eingeübte Struktur zurückgeführt. Hierbei wird jedoch ein Schritt vorgeschaltet und einer nachgeschaltet. Zunächst werden die Funktion sowie der vorgegebene Punkt an der ersten Winkelhalbierenden gespiegelt, dann werden die Tangenten und Berührpunkte berechnet und schließlich werden die erhaltenen Ergebnisse (Tangentengleichungen und Berührpunkte) wieder an der ersten Winkelhalbierenden gespiegelt. Damit ist dann die Aufgabe beendet.

Analog zu diesen beiden Vorgehensweisen werden in den Aufgaben 21 bis 24 die Normalen berechnet, indem für die Normalengleichungen die Beziehung $m_T \cdot m_N = -1$ berücksichtigt wird.

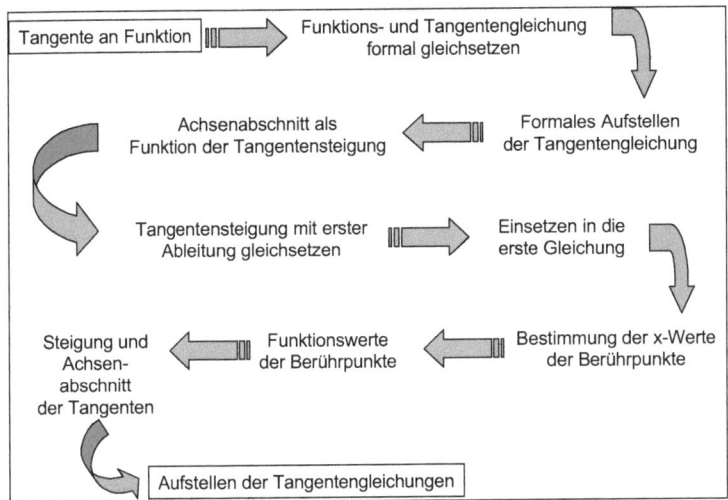

Mit der Zahl durchgerechneter Aufgaben steigen die Routine und die Sicherheit, mit der solche Aufgabenstellungen bearbeitet werden. Dann wird es auch möglich sein, bei der Lösung einige Umformungsschritte deutlich zu verkürzen. An dem grundsätzlichen Vorgehen ändert sich dadurch jedoch nichts.

Die hier verwendeten Aufgaben treten in einer mehr oder weniger ähnlichen Form immer wieder in verschiedenen Quellen auf, sodass eine genaue Zuordnung der Aufgabe zu einer bestimmten Quelle nicht möglich ist. Es kann jedem Schüler empfohlen werden, sich weitere Aufgaben zu überlegen und zu rechnen.

Wie in Aufgabe 3 können über die Einteilung der Ebene durch den Funktionsgraphen in zwei Teilebenen, Aussagen über die Zahl der Tangenten in Abhängigkeit von der Lage des Punktes gemacht werden.

Ebenfalls sehr interessant ist die genaue Betrachtung von Funktionen mit einem Parameter wie in Aufgabe 11.

Auch Aufgaben zu gebrochen rationalen Funktionen ergeben weitere Einblicke, da hier über die Asymptoten und Polstellen eine Einteilung der Ebene in mehrere verschiedene Teilebenen erfolgt. Je nach Zugehörigkeit des Punktes zu einer Teilebene können, wie z. B. in Aufgabe 16, allgemeine Aussagen über die mögliche Anzahl der Tangenten getroffen werden.

Eine weitere Vertiefung des Verständnisses kann erfolgen, indem untersucht wird, ob sich allgemeine Bedingungen bei einer Parameterfunktion so formulieren lassen, dass eine Tangente den Funktionsgraphen zweimal berührt.

Dr. Udo Seemann
Februar 2010

3

## Aufgaben

| | | | |
|---|---|---|---|
| Aufgabe 1: | $f(x) = x^2$ | $P(1/-3)$ | Tangente |
| Aufgabe 2: | $f(x) = \frac{1}{2}x^2 + x$ | $P(1/1)$ | Tangente |
| Aufgabe 3: | $f(x) = \frac{1}{2}x^2 + x$ | $P(-0,5/1)$ | Tangente |
| Aufgabe 4: | $f(x) = x^2 + 4x + 1$ | $P(-3/-6)$ | Tangente |
| Aufgabe 5: | $f(x) = x^2 + 6x + 11$ | $P(1/2)$ | Tangente |
| Aufgabe 6: | $f(x) = 2(x-3)^2$ | $P(2/0)$ | Tangente |
| Aufgabe 7: | $f(x) = x^3 - 4x$ | $P(-1/4)$ | Tangente |
| Aufgabe 8: | $f(x) = x^3 + 6x^2 - 4x - 3$ | $P(0/-3)$ | Tangente |
| Aufgabe 9: | $f(x) = \frac{1}{8}x^3 - x^2$ | $P(0/6)$ | Tangente |
| Aufgabe 10: | $f(x) = x^2 + a$ | $P(1/-3+a)$ | Tangente |
| Aufgabe 11: | $f(x) = ax^2 - a$ | $P(-2/-a)$ | Tangente |
| Aufgabe 12: | $f(x) = -\frac{1}{x}$ | $P(4/2)$ | Tangente |
| Aufgabe 13: | $f(x) = -\frac{2}{x+1}$ | $P(-1/-2)$ | Tangente |
| Aufgabe 14: | $f(x) = \frac{x+1}{x}$ | $P(4/-1)$ | Tangente |
| Aufgabe 15: | $f(x) = \frac{x^2 - 36}{x^2 + 16}$ | $P(0/-2,25)$ | Tangente |
| Aufgabe 16: | $f(x) = -\frac{2}{x-2} + a$ | $P(1/a)$ | Tangente |
| Aufgabe 17: | $f(x) = \sqrt{x+2}$ | $P(2/2,5)$ | Tangente |
| Aufgabe 18: | $f(x) = \sqrt{2x-3}$ | $P(1/0)$ | Tangente |
| Aufgabe 19: | $f(x) = \sqrt{x} - a$ | $P(8/3-a)$ | Tangente |
| Aufgabe 20: | $f(x) = a\sqrt{2+x}$ | $P(1/2a)$ | Tangente |
| Aufgabe 21: | $f(x) = x^2$ | $P(0/1,5)$ | Normale |
| Aufgabe 22: | $f(x) = \frac{1}{x}$ | $P(2,5/2,5)$ | Normale |
| Aufgabe 23: | $f(x) = \frac{1}{x^2}$ | $P(0/0,5)$ | Normale |
| Aufgabe 24: | $f(x) = \sqrt{x}$ | $P(1,5/0)$ | Normale |

**Aufgabe 1)**

Gegeben ist die Funktion $f(x) = x^2$. Berechnen Sie alle Tangentengleichungen $t(x)$ an den Funktionsgraphen, die durch den Punkt P(1/-3) gehen, sowie die zugehörigen Berührpunkte.

Lösung:
Am Berührpunkt B gilt:

$$f(x) = t(x) \qquad [1.1]$$

Für die Tangente t gilt die Gleichung:

$$t(x) = mx + b \qquad [1.2]$$

und damit folgt für den Achsenabschnitt b die Gleichung

$$b = y - mx$$

$$\text{mit } P(1/-3)$$
$$\Downarrow$$

$$b = -3 - m \cdot 1$$

$$b = -3 - m \qquad [1.3]$$

Da am Berührpunkt B der Funktionsgraph und die Tangente die gleiche Steigung haben, gilt:

$$f'(x) = m$$

$$2x = m \qquad [1.4]$$

Wir setzen nun die Gleichungen [1.2], [1.3] und [1.4] in Gleichung [1.1] ein und erhalten:

$$f(x) = t(x)$$
$$x^2 = mx + b$$
$$x^2 = mx + (-3 - m)$$
$$x^2 = 2x \cdot x - 3 - 2x$$
$$x^2 = 2x^2 - 2x - 3$$

$$x^2 - 2x - 3 = 0 \qquad [1.5]$$

Gleichung [1.5] wird nach x aufgelöst und wir erhalten damit die Berührpunkte.

$$x^2 - 2x - 3 = 0$$

$$x_{1,2} = \frac{-(-2) \pm \sqrt{(-2)^2 - 4 \cdot (1) \cdot (-3)}}{2 \cdot 1}$$

$$x_{1,2} = \frac{2 \pm \sqrt{16}}{2}$$

$$x_1 = 3$$

$$x_2 = -1$$

Daraus ergeben sich mit der Funktionsgleichung die Berührpunkte und mit Gleichung [1.4] die Tangentensteigungen und mit Gleichung [1.3] der Achsenabschnitt der Tangenten.

$f(x_1) = x_1^2$ $\qquad$ $f(x_2) = x_2^2$

$f(3) = 3^2$ $\qquad$ $f(-1) = (-1)^2$

$f(3) = 9$ $\qquad$ $f(-1) = 1$

$m_1 = 2 \cdot x_1$ $\qquad$ $m_2 = 2 \cdot x_2$

$m_1 = 2 \cdot 3$ $\qquad$ $m_2 = 2 \cdot (-1)$

$m_1 = 6$ $\qquad$ $m_2 = -2$

$b_1 = -3 - m_1$ $\qquad$ $b_2 = -3 - m_2$

$b_1 = -3 - 6$ $\qquad$ $b_2 = -3 - (-2)$

$b_1 = -9$ $\qquad$ $b_2 = -1$

$B_1(3/9)$ $\qquad$ $B_2(-1/1)$

$t_1(x) = 6x - 9$ $\qquad$ $t_2(x) = -2x - 1$

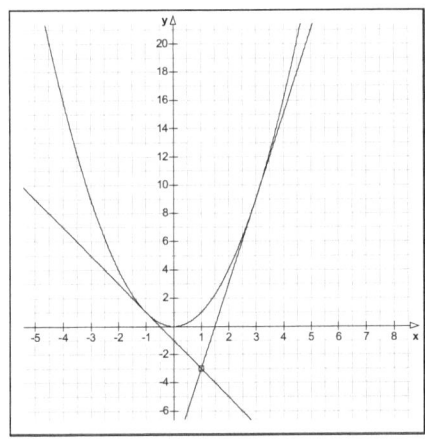

**Aufgabe 2)**

Gegeben ist die Funktion $f(x) = \frac{1}{2}x^2 + x$. Berechnen Sie alle Tangentengleichungen $t(x)$ an den Funktionsgraphen, die durch den Punkt $P(1/1)$ gehen, sowie die zugehörigen Berührpunkte.

Lösung:
Am Berührpunkt B gilt:

$$f(x) = t(x) \qquad\qquad [2.1]$$

Für die Tangente t gilt die Gleichung:

$$t(x) = mx + b \qquad\qquad [2.2]$$

und damit folgt für den Achsenabschnitt b die Gleichung

$$b = y - mx$$

$$\text{mit } P(1/1)$$
$$\Downarrow$$

$$b = 1 - m \cdot 1$$

$$b = 1 - m \qquad\qquad [2.3]$$

Da am Berührpunkt B der Funktionsgraph und die Tangente die gleiche Steigung haben, gilt:

$$f'(x) = m$$

$$x + 1 = m \qquad\qquad [2.4]$$

Wir setzen nun die Gleichungen [2.2], [2.3] und [2.4] in Gleichung [2.1] ein und erhalten:

$$f(x) = t(x)$$

$$\frac{1}{2}x^2 + x = mx + b$$

$$\frac{1}{2}x^2 + x = mx + (1-m)$$

$$\frac{1}{2}x^2 + x = (x+1) \cdot x + 1 - (x+1)$$

$$\frac{1}{2}x^2 + x = x^2 + x + 1 - x - 1$$

$$\frac{1}{2}x^2 + x = x^2$$

$$\frac{1}{2}x^2 - x = 0 \qquad\qquad\qquad [2.5]$$

Gleichung [2.5] wird nach x aufgelöst und wir erhalten damit die Berührpunkte.

$$\frac{1}{2}x^2 - x = 0$$

$$x \cdot (\frac{1}{2}x - 1) = 0$$

$$x_1 = 0$$

$$x_2 = 2$$

Daraus ergeben sich mit der Funktionsgleichung die Berührpunkte und mit Gleichung [2.4] die Tangentensteigungen und mit Gleichung [2.3] der Achsenabschnitt der Tangenten.

$$f(x_1) = \frac{1}{2}x_1^2 + x_1 \qquad\qquad f(x_2) = \frac{1}{2}x_2^2 + x_2$$

$$f(0) = \frac{1}{2}0^2 + 0 \qquad\qquad f(2) = \frac{1}{2} \cdot 2^2 + 2$$

$$f(0) = 0 \qquad\qquad\qquad f(2) = 4$$

$$m_1 = x_1 + 1 \qquad\qquad m_2 = x_2 + 1$$

$$m_1 = 0 + 1 \qquad\qquad m_2 = 2 + 1$$

$$m_1 = 1 \qquad\qquad\qquad m_2 = 3$$

$$b_1 = 1 - m_1 \qquad\qquad b_2 = 1 - m_2$$

$$b_1 = -1 - 1 \qquad\qquad b_2 = 1 - 3$$

$$b_1 = 0 \qquad\qquad\qquad b_2 = -2$$

$$B_1(0/0) \qquad\qquad\qquad B_2(2/4)$$

$$t_1(x) = x \qquad\qquad\qquad t_2(x) = 3x - 2$$

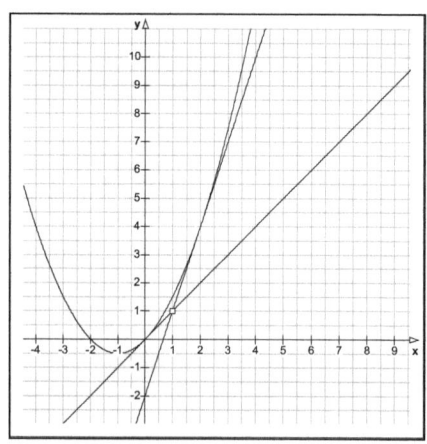

## Aufgabe 3)

Gegeben ist die Funktion $f(x) = \frac{1}{2}x^2 + x$. Berechnen Sie alle Tangentengleichungen

$t(x)$ an den Funktionsgraphen, die durch den Punkt $P(-0,5/1)$ gehen, sowie die zugehörigen Berührpunkte.

Lösung:
Am Berührpunkt B gilt:

$$f(x) = t(x) \qquad\qquad\qquad [3.1]$$

Für die Tangente t gilt die Gleichung:

$$t(x) = mx + b \qquad [3.2]$$

und damit folgt für den Achsenabschnitt b die Gleichung

$$b = y - mx$$

$$\text{mit } P(-0,5/1)$$
$$\Downarrow$$

$$b = 1 + m \cdot 0,5$$

$$b = 1 + \frac{1}{2}m \qquad [3.3]$$

Da am Berührpunkt B der Funktionsgraph und die Tangente die gleiche Steigung haben, gilt:

$$f'(x) = m$$

$$x + 1 = m \qquad [3.4]$$

Wir setzen nun die Gleichungen [3.2], [3.3] und [3.4] in Gleichung [3.1] ein und erhalten:

$$f(x) = t(x)$$

$$\frac{1}{2}x^2 + x = mx + b$$

$$\frac{1}{2}x^2 + x = mx + 1 + \frac{1}{2}m$$

$$\frac{1}{2}x^2 + x = (x + 1) \cdot x + 1 + \frac{1}{2} \cdot (x + 1)$$

$$\frac{1}{2}x^2 + x = x^2 + x + 1 + \frac{1}{2}x + \frac{1}{2}$$

$$\frac{1}{2}x^2 + x = x^2 + \frac{3}{2}x + \frac{3}{2}$$

$$\frac{1}{2}x^2 + \frac{1}{2}x + \frac{3}{2} = 0 \qquad [3.5]$$

Gleichung [3.5] wird nach x aufgelöst und wir erhalten damit die Berührpunkte.

$$\frac{1}{2}x^2 + \frac{1}{2}x + \frac{3}{2} = 0$$

$$x^2 + x + 3 = 0$$

$$x_{1,2} = \frac{-1 \pm \sqrt{1^2 - 4 \cdot 1 \cdot 3}}{2 \cdot 1}$$

$$x_{1,2} = \frac{-1 \pm \sqrt{1 - 12}}{2}$$

$$x_{1,2} = \frac{-1 \pm \sqrt{-11}}{2}$$

$$\Downarrow$$

keine Lösung in $\mathbb{R}$

Da die Diskriminante kleiner als Null wird, gibt es keine Tangente an f(x), die gleichzeitig durch den Punkt P(-0,5/1) verläuft.

Für eine Funktion zweiter Ordnung $f(x) = ax^2 + bx + c$ gibt es zwei Tangenten, eine bzw. keine Tangente, die durch den Punkt $P(x_P/y_P)$ verlaufen, wenn gilt:

$$a > 0 : \begin{cases} f(x_P) > y_P \rightarrow \text{zwei Tangenten} \\ f(x_P) = y_P \rightarrow \text{eine Tangente} \\ f(x_P) < y_P \rightarrow \text{keine Tangente} \end{cases}$$

$$a < 0 : \begin{cases} f(x_P) < y_P \rightarrow \text{zwei Tangenten} \\ f(x_P) = y_P \rightarrow \text{eine Tangente} \\ f(x_P) > y_P \rightarrow \text{keine Tangente} \end{cases}$$

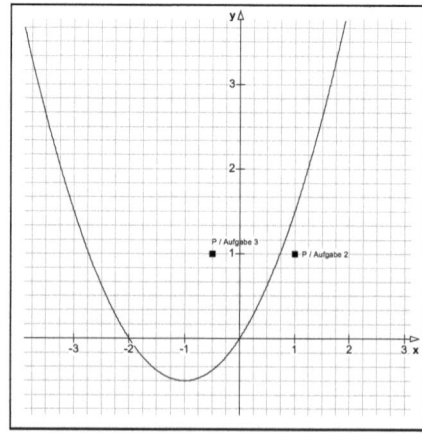

**Aufgabe 4)**

Gegeben ist die Funktion $f(x) = x^2 + 4x + 1$. Berechnen Sie alle Tangenten-gleichungen $t(x)$ an den Funktionsgraphen, die durch den Punkt P(-3/-6) gehen, sowie die zugehörigen Berührpunkte.

Lösung:

Am Berührpunkt B gilt:

$$f(x) = t(x) \qquad\qquad\qquad [4.1]$$

Für die Tangente t gilt die Gleichung:

$$t(x) = mx + b \qquad\qquad\qquad [4.2]$$

und damit folgt für den Achsenabschnitt b die Gleichung

$$b = y - mx$$

$$\text{mit } P(-3/-6)$$
$$\Downarrow$$

$$b = -6 - m \cdot (-3)$$

$$b = -6 + 3m \qquad\qquad\qquad [4.3]$$

Da am Berührpunkt B der Funktionsgraph und die Tangente die gleiche Steigung haben, gilt:

$$f'(x) = m$$

$$2x + 4 = m \qquad\qquad\qquad [4.4]$$

Wir setzen nun die Gleichungen [4.2], [4.3] und [4.4] in Gleichung [4.1] ein und erhalten:

$$f(x) = t(x)$$
$$x^2 + 4x + 1 = mx + b$$
$$x^2 + 4x + 1 = mx + (-6 + 3m)$$
$$x^2 + 4x + 1 = (2x + 4) \cdot x - 6 + 3 \cdot (2x + 4)$$
$$x^2 + 4x + 1 = 2x^2 + 4x - 6 + 6x + 12$$
$$x^2 + 4x + 1 = 2x^2 + 10x + 6$$

$$x^2 + 6x + 5 = 0 \qquad\qquad\qquad [4.5]$$

Gleichung [4.5] wird nach x aufgelöst und wir erhalten damit die Berührpunkte.

$$x^2 + 6x + 5 = 0$$

$$x_{1,2} = \frac{-6 \pm \sqrt{6^2 - 4 \cdot 1 \cdot 5}}{2 \cdot 1}$$

$$x_{1,2} = \frac{-6 \pm \sqrt{36 - 20}}{2}$$

$$x_{1,2} = \frac{-6 \pm 4}{2}$$

$$x_1 = -1$$

$$x_2 = -5$$

Mit diesen x-Werten für die Berührpunkte ergeben sich mit der Funktionsgleichung die y-Werte der Berührpunkte und mit Gleichung [4.4] die Tangentensteigungen und mit Gleichung [4.3] die Achsenabschnitte der Tangenten.

$$f(x_1) = x_1^2 + 4x_1 + 1 \qquad\qquad f(x_2) = x_2^2 + 4x_2 + 1$$
$$f(-1) = (-1)^2 + 4 \cdot (-1) + 1 \qquad\qquad f(-5) = (-5)^2 + 4 \cdot (-5) + 1$$
$$f(-1) = -2 \qquad\qquad f(-5) = 6$$

$$m_1 = 2x_1 + 4 \qquad\qquad m_2 = 2x_2 + 4$$
$$m_1 = 2 \cdot (-1) + 4 \qquad\qquad m_2 = 2 \cdot (-5) + 4$$
$$m_1 = 2 \qquad\qquad m_2 = -6$$

$$b_1 = -6 + 3m_1 \qquad\qquad b_2 = -6 + 3m_2$$
$$b_1 = -6 + 3 \cdot 2 \qquad\qquad b_2 = -6 + 3 \cdot (-6)$$
$$b_1 = 0 \qquad\qquad b_2 = -24$$

$$B_1(-1/-2) \qquad\qquad B_2(-5/6)$$
$$t_1(x) = 2x \qquad\qquad t_2(x) = -6x - 24$$

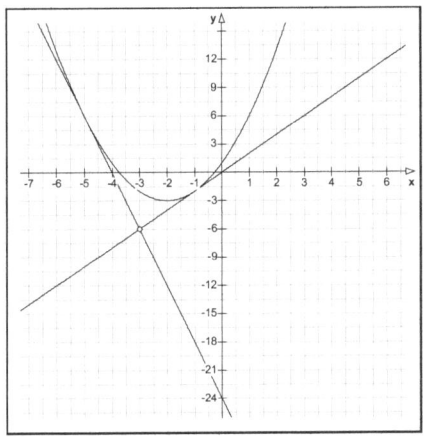

**Aufgabe 5)**
Gegeben ist die Funktion $f(x) = x^2 + 6x + 11$. Berechnen Sie alle Tangenten-gleichungen t(x) an den Funktionsgraphen, die durch den Punkt P(1/2) gehen, sowie die zugehörigen Berührpunkte.

Lösung:
Am Berührpunkt B gilt:

$$f(x) = t(x) \qquad [5.1]$$

Für die Tangente t gilt die Gleichung:

$$t(x) = mx + b \qquad [5.2]$$

und damit folgt für den Achsenabschnitt b die Gleichung

$$b = y - mx$$

$$\text{mit } P(1/2)$$
$$\Downarrow$$

$$b = 2 - m \cdot 1$$

$$b = 2 - m \qquad [5.3]$$

Da am Berührpunkt B der Funktionsgraph und die Tangente die gleiche Steigung haben, gilt:

$$f'(x) = m$$

15

$$2x + 6 = m \qquad\qquad [5.4]$$

Wir setzen nun die Gleichungen [5.2], [5.3] und [5.4] in Gleichung [5.1] ein und erhalten:

$$f(x) = t(x)$$
$$x^2 + 6x + 11 = mx + b$$
$$x^2 + 6x + 11 = mx + (2 - m)$$
$$x^2 + 6x + 11 = (2x + 6) \cdot x + 2 - (2x + 6)$$
$$x^2 + 6x + 11 = 2x^2 + 6x + 2 - 2x - 6$$
$$x^2 + 6x + 11 = 2x^2 + 4x - 4$$

$$x^2 - 2x - 15 = 0 \qquad\qquad [5.5]$$

Gleichung [5.5] wird nach x aufgelöst und wir erhalten damit die Berührpunkte.

$$x^2 - 2x - 15 = 0$$
$$x_{1,2} = \frac{-(-2) \pm \sqrt{(-2)^2 - 4 \cdot 1 \cdot (-15)}}{2 \cdot 1}$$
$$x_{1,2} = \frac{2 \pm \sqrt{4 + 60}}{2}$$
$$x_{1,2} = \frac{2 \pm 8}{2}$$
$$x_1 = 5$$
$$x_2 = -3$$

Mit diesen x-Werten für die Berührpunkte ergaben sich mit der Funktionsgleichung die y-Werte der Berührpunkte und mit Gleichung [5.4] die Tangentensteigungen und mit Gleichung [5.3] die Achsenabschnitte der Tangenten.

$$f(x_1) = x_1^2 + 6x_1 + 11 \qquad\qquad f(x_2) = x_2^2 + 6x_2 + 11$$
$$f(5) = 5^2 + 6 \cdot 5 + 11 \qquad\qquad f(-3) = (-3)^2 + 6 \cdot (-3) + 11$$
$$f(5) = 66 \qquad\qquad\qquad\quad f(-3) = 2$$

$$m_1 = 2x_1 + 6 \qquad\qquad\qquad m_2 = 2x_2 + 6$$
$$m_1 = 2 \cdot 5 + 6 \qquad\qquad\qquad m_2 = 2 \cdot (-3) + 6$$
$$m_1 = 16 \qquad\qquad\qquad\qquad m_2 = 0$$

$$b_1 = 2 - m_1 \qquad\qquad\qquad b_2 = 2 - m_2$$
$$b_1 = 2 - 16 \qquad\qquad\qquad b_2 = 2 - 0$$
$$b_1 = -14 \qquad\qquad\qquad\quad b_2 = 2$$

$$B_1(5/66) \qquad\qquad\qquad B_2(-3/2)$$
$$t_1(x) = 16x - 14 \qquad\qquad t_2(x) = 2$$

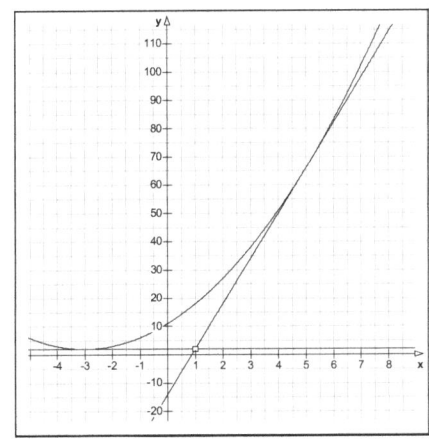

**Aufgabe 6)**

Gegeben ist die Funktion $f(x) = 2(x - 3)^2$. Berechnen Sie alle Tangentengleichungen $t(x)$ an den Funktionsgraphen, die durch den Punkt P(2/0) gehen, sowie die zugehörigen Berührpunkte.

Lösung:
Am Berührpunkt B gilt:

$$f(x) = t(x) \qquad\qquad\qquad\qquad [6.1]$$

Für die Tangente t gilt die Gleichung:

$$t(x) = mx + b \qquad [6.2]$$

und damit folgt für den Achsenabschnitt b die Gleichung

$$b = y - mx$$

$$\text{mit } P(2/0)$$
$$\Downarrow$$

$$b = 0 - m \cdot 2$$

$$b = -2m \qquad [6.3]$$

Da am Berührpunkt B der Funktionsgraph und die Tangente die gleiche Steigung haben, gilt:

$$f'(x) = m$$

$$4 \cdot (x - 3) = m \qquad [6.4]$$

Wir setzen nun die Gleichungen [6.2], [6.3] und [6.4] in Gleichung [6.1] ein und erhalten:

$$f(x) = t(x)$$
$$2(x - 3)^2 = mx + b$$
$$2(x - 3)^2 = mx - 2m$$
$$2(x - 3)^2 = 4(x - 3) \cdot x - 2 \cdot 4(x - 3)$$
$$2(x - 3)^2 = 4x^2 - 12x - 8x + 24$$
$$2x^2 - 12x + 18 = 4x^2 - 20x + 24$$

$$2x^2 - 8x + 6 = 0 \qquad [6.5]$$

Gleichung [6.5] wird nach x aufgelöst und wir erhalten damit die Berührpunkte.

$$2x^2 - 8x + 6 = 0$$
$$x_{1,2} = \frac{-(-8) \pm \sqrt{(-8)^2 - 4 \cdot 2 \cdot 6}}{2 \cdot 2}$$
$$x_{1,2} = \frac{8 \pm \sqrt{64 + 48}}{4}$$
$$x_{1,2} = \frac{8 \pm 4}{4}$$
$$x_1 = 3$$
$$x_2 = 1$$

Mit diesen x-Werten für die Berührpunkte ergeben sich mit der Funktionsgleichung die y-Werte der Berührpunkte und mit Gleichung [6.4] die Tangentensteigungen und mit Gleichung [6.3] die Achsenabschnitte der Tangenten.

$$f(x_1) = 2(x_1 - 3)^2 \qquad\qquad f(x_2) = 2(x_2 - 3)^2$$
$$f(3) = 2(3 - 3)^2 \qquad\qquad f(1) = 2(1 - 3)^2$$
$$f(3) = 0 \qquad\qquad\qquad f(1) = 8$$

$$m_1 = 4(x_1 - 3) \qquad\qquad m_2 = 4(x_2 - 3)$$
$$m_1 = 4(3 - 3) \qquad\qquad m_2 = 4(1 - 3)$$
$$m_1 = 0 \qquad\qquad\qquad m_2 = -8$$

$$b_1 = -2m_1 \qquad\qquad b_2 = -2m_2$$
$$b_1 = -2 \cdot 0 \qquad\qquad b_2 = -2 \cdot (-8)$$
$$b_1 = 0 \qquad\qquad\qquad b_2 = 16$$

$$B_1(3/0) \qquad\qquad\qquad B_2(1/8)$$
$$t_1(x) = 0 \qquad\qquad\qquad t_2(x) = -8x + 16$$

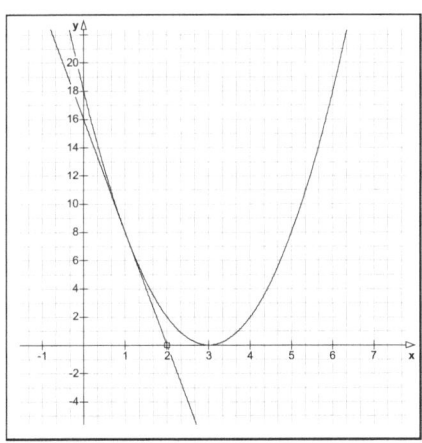

**Aufgabe 7)**

Gegeben ist die Funktion $f(x) = x^3 - 4x$. Berechnen Sie alle Tangentengleichungen $t(x)$ an den Funktionsgraphen, die durch den Punkt $P(-1/4)$ gehen, sowie die zugehörigen Berührpunkte.

Lösung:
Am Berührpunkt B gilt:

$$f(x) = t(x) \qquad [7.1]$$

Für die Tangente t gilt die Gleichung:

$$t(x) = mx + b \qquad [7.2]$$

und damit folgt für den Achsenabschnitt b die Gleichung

$$b = y - mx$$

$$\text{mit } P(-1/4)$$
$$\Downarrow$$

$$b = 4 - m\cdot(-1)$$

$$b = 4 + m \qquad [7.3]$$

Da am Berührpunkt B der Funktionsgraph und die Tangente die gleiche Steigung haben, gilt:

$$f'(x) = m$$

$$3x^2 - 4 = m \qquad [7.4]$$

Wir setzen nun die Gleichungen [7.2], [7.3] und [7.4] in Gleichung [7.1] ein und erhalten:

$$f(x) = t(x)$$
$$x^3 - 4x = mx + b$$
$$x^3 - 4x = mx + 4 + m$$
$$x^3 - 4x = (3x^2 - 4)\cdot x + 4 + (3x^2 - 4)$$
$$x^3 - 4x = 3x^3 - 4x + 4 + 3x^2 - 4$$
$$x^3 - 4x = 3x^3 + 3x^2 - 4x$$

$$2x^3 + 3x^2 = 0 \qquad [7.5]$$

Gleichung [7.5] wird nach x aufgelöst und wir erhalten damit die Berührpunkte.

$$2x^3 + 3x^2 = 0$$
$$x^2(2x + 3) = 0$$
$$x_1 = 0$$
$$x_2 = 0$$
$$x_3 = -\frac{3}{2}$$

Mit diesen x-Werten für die Berührpunkte ergeben sich mit der Funktionsgleichung die y-Werte der Berührpunkte und mit Gleichung [7.4] die Tangentensteigungen und mit Gleichung [7.3] die Achsenabschnitte der Tangenten.

$$f(x_3) = x_3^3 - 4x_3$$

$$f(x_1) = x_1^3 - 4x_1 \qquad\qquad f(x_2) = x_2^3 - 4x_2$$
$$f(-\frac{3}{2}) = (-\frac{3}{2})^3 - 4 \cdot (-\frac{3}{2})$$
$$f(0) = 0^3 - 0 \qquad\qquad f(0) = 0^3 - 0$$
$$f(0) = 0 \qquad\qquad\qquad f(0) = 0 \qquad\qquad\qquad f(-\frac{3}{2}) = \frac{21}{8}$$

$$m_3 = 3x_3^2 - 4$$

$$m_1 = 3x_1^2 - 4 \qquad\qquad m_2 = 3x_2^2 - 4$$
$$m_3 = 3 \cdot (-\frac{3}{2})^2 - 4$$
$$m_1 = 3 \cdot 0 - 4 \qquad\qquad m_2 = 3 \cdot 0 - 4$$
$$m_1 = -4 \qquad\qquad\qquad m_2 = -4 \qquad\qquad\qquad m_3 = \frac{11}{4}$$

$$b_1 = 4 + m_1 \qquad\qquad b_2 = 4 + m_2 \qquad\qquad b_3 = 4 + m_3$$
$$b_1 = 4 - 4 \qquad\qquad\quad b_2 = 4 - 4 \qquad\qquad\quad b_3 = 4 + \frac{11}{4}$$
$$b_1 = 0 \qquad\qquad\qquad\quad b_2 = 0 \qquad\qquad\qquad\quad b_3 = \frac{27}{4}$$

$$B_1(0/0) \qquad\qquad B_2(0/0) \qquad\qquad B_3(-\frac{3}{2}/\frac{21}{8})$$
$$t_1(x) = -4x \qquad\qquad t_2(x) = -4x$$
$$t_3(x) = \frac{11}{4}x + \frac{27}{4}$$

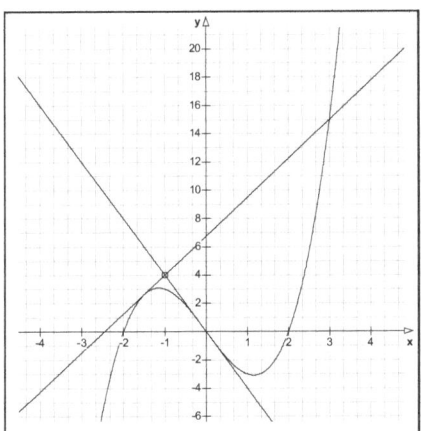

Wir erkennen, dass die Tangente $t_1$ (wie auch $t_2$, die ja identisch sind), den Funktionsgraphen im Wendepunkt berühren. Die Tangente $t_3$ berührt den Graphen im 2. Quadranten und der weitere gemeinsame Punkt im 1. Quadranten ist keine Lösung der Gleichung [7.5]. Dort handelt es sich um einen Schnittpunkt und daher ist zwar die Gleichung [7.1] erfüllt, nicht jedoch die als Nebenbedingung eingeführte Gleichung [7.4].

## Aufgabe 8)

Gegeben ist die Funktion $f(x) = x^3 + 6x^2 - 4x - 3$. Berechnen Sie alle Tangentengleichungen t(x) an den Funktionsgraphen, die durch den Punkt P(0/-3) gehen, sowie die zugehörigen Berührpunkte.

Lösung:
Am Berührpunkt B gilt:

$$f(x) = t(x) \qquad\qquad [8.1]$$

Für die Tangente t gilt die Gleichung:

$$t(x) = mx + b \qquad\qquad [8.2]$$

und damit folgt für den Achsenabschnitt b die Gleichung

$$b = y - mx$$

$$\text{mit } P(0/-3)$$
$$\Downarrow$$

$$b = -3 - m \cdot 0$$

$$b = -3 \qquad\qquad [8.3]$$

Da am Berührpunkt B der Funktionsgraph und die Tangente die gleiche Steigung haben, gilt:

$$f'(x) = m$$

$$3x^2 + 12x - 4 = m \qquad\qquad [8.4]$$

Wir setzen nun die Gleichungen [8.2], [8.3] und [8.4] in Gleichung [8.1] ein und erhalten:

$$f(x) = t(x)$$
$$x^3 + 6x^2 - 4x - 3 = mx + b$$
$$x^3 + 6x^2 - 4x - 3 = mx - 3$$
$$x^3 + 6x^2 - 4x - 3 = (3x^2 + 12x - 4) \cdot x - 3$$
$$x^3 + 6x^2 - 4x - 3 = 3x^3 + 12x^2 - 4x - 3$$

22

$$2x^3 + 6x^2 = 0 \qquad\qquad [8.5]$$

Gleichung [8.5] wird nach x aufgelöst und wir erhalten damit die Berührpunkte.

$$2x^3 + 6x^2 = 0$$
$$x^2(2x + 6) = 0$$
$$x_1 = 0$$
$$x_2 = 0$$
$$x_3 = -3$$

Mit diesen x-Werten für die Berührpunkte ergeben sich mit der Funktionsgleichung die y-Werte der Berührpunkte und mit Gleichung [8.4] die Tangentensteigungen und mit Gleichung [8.3] die Achsenabschnitte der Tangenten.

$f(x_1) = x_1^3 + 6x_1^2 - 4x_1 - 3$  $\quad$  $f(x_2) = x_2^3 + 6x_2^2 - 4x_2 - 3$  $\quad$  $f(x_3) = x_3^3 + 6x_3^2 - 4x_3 - 3$

$f(0) = 0^3 + 6 \cdot 0^2 - 4 \cdot 0 - 3$  $\quad$  $f(0) = 0^3 + 6 \cdot 0^2 - 4 \cdot 0 - 3$  $\quad$  $f(-3) = (-3)^3 + 6 \cdot (-3)^2 - 4 \cdot (-3) - 3$

$f(0) = -3$  $\qquad\qquad$  $f(0) = -3$  $\qquad\qquad$  $f(-3) = 36$

$m_1 = 3x_1^2 + 12x_1 - 4$  $\qquad$  $m_2 = 3x_2^2 + 12x_2 - 4$  $\qquad$  $m_3 = 3x_3^2 + 12x_3 - 4$

$m_1 = 3 \cdot 0^2 + 12 \cdot 0 - 4$  $\qquad$  $m_2 = 3 \cdot 0^2 + 12 \cdot 0 - 4$  $\qquad$  $m_3 = 3 \cdot (-3)^2 + 12 \cdot (-3) - 4$

$m_1 = -4$  $\qquad\qquad$  $m_2 = -4$  $\qquad\qquad$  $m_3 = -13$

$b_1 = -3$  $\qquad\qquad$  $b_2 = -3$  $\qquad\qquad$  $b_3 = -3$

$B_1(0/-3)$  $\qquad\qquad$  $B_2(0/-3)$  $\qquad\qquad$  $B_3(-3/36)$

$t_1(x) = -4x - 3$  $\qquad$  $t_2(x) = -4x - 3$  $\qquad$  $t_3(x) = -13x - 3$

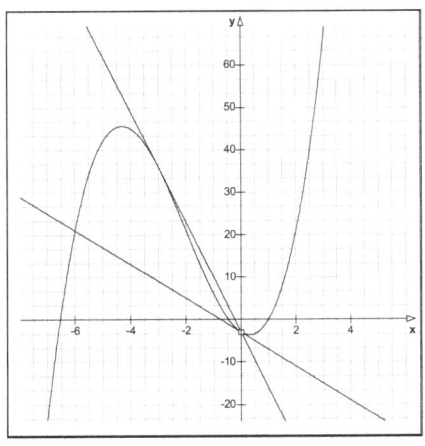

Wie bei Aufgabe 7 erhalten wir wiederum zwei verschiedene Berührpunkte. Zusätzlich zu den Berührpunkten erhalten wir noch zwei Schnittpunkte, wobei ein

Schnittpunkt gleichzeitig Berührpunkt der anderen Tangente ist. Die Schnittpunkte sind keine Lösungen der Gleichung [8.5], da zwar die Gleichung [8.1] erfüllt ist, nicht jedoch die als Nebenbedingung eingeführte Gleichung [8.4].

## Aufgabe 9)

Gegeben ist die Funktion $f(x) = \frac{1}{8}x^3 - x^2$. Berechnen Sie alle Tangentengleichungen t(x) an den Funktionsgraphen, die durch den Punkt P(0/6) gehen, sowie die zugehörigen Berührpunkte.

Lösung:
Am Berührpunkt B gilt:

$$f(x) = t(x) \qquad [9.1]$$

Für die Tangente t gilt die Gleichung:

$$t(x) = mx + b \qquad [9.2]$$

und damit folgt für den Achsenabschnitt b die Gleichung

$$b = y - mx$$

$$\text{mit } P(0/6)$$
$$\Downarrow$$

$$b = 6 - m \cdot 0$$

$$b = 6 \qquad [9.3]$$

Da am Berührpunkt B der Funktionsgraph und die Tangente die gleiche Steigung haben, gilt:

$$f'(x) = m$$

$$\frac{3}{8}x^2 - 2x = m \qquad [9.4]$$

Wir setzen nun die Gleichungen [9.2], [9.3] und [9.4] in Gleichung [9.1] ein und erhalten:

$$f(x) = t(x)$$

$$\frac{1}{8}x^3 - x^2 = mx + b$$

$$\frac{1}{8}x^3 - x^2 = mx + 6$$

$$\frac{1}{8}x^3 - x^2 = (\frac{3}{8}x^2 - 2x)\bullet x + 6$$

$$\frac{1}{8}x^3 - x^2 = \frac{3}{8}x^3 - 2x^2 + 6$$

$$\frac{2}{8}x^3 - x^2 + 6 = 0 \qquad\qquad [9.5]$$

Gleichung [9.5] wird nach x aufgelöst und wir erhalten damit die Berührpunkte. Wir erkennen, dass dies nicht durch Ausklammern von x (wie in den vorherigen Aufgaben) möglich ist, sondern nur indem wir eine Nullstelle durch Probieren finden und dann über eine Polynomdivision den Grad reduzieren. Wir sehen, dass x=-2 eine Nullstelle ist, und dividieren daher durch (x+2):

$$(\frac{2}{8}x^3 - x^2 + 0\bullet x + 6) : (x + 2) = \frac{2}{8}x^2 - \frac{3}{2}x + 3$$

$$\underline{\frac{2}{8}x^3 + \frac{1}{2}x^2}$$

$$-\frac{3}{2}x^2 + 0x$$

$$\underline{-\frac{3}{2}x^2 - 3x}$$

$$3x + 6$$

$$3x + 6$$

Für Gleichung [9.5] ergibt sich:

$$\frac{2}{8}x^3 - x^2 + 6 = (\frac{2}{8}x^2 - \frac{3}{2}x + 3)\bullet(x + 2)$$

Wir erhalten demnach als erste Lösung:

$$x_1 = -2$$

und für die weiteren Lösungen

$$\frac{2}{8}x^2 - \frac{3}{2}x + 3 = 0$$

$$2x^2 - 12x + 24 = 0$$

$$x_{2,3} = \frac{-(-12) \pm \sqrt{(-12)^2 - 4 \cdot 2 \cdot 24}}{2 \cdot 2}$$

$$x_{2,3} = \frac{12 \pm \sqrt{144 - 192}}{4}$$

$$x_{2,3} = \frac{12 \pm \sqrt{-48}}{4}$$

$$\Downarrow$$

keine Lösungen in $\mathbb{R}$

Wir erhalten demnach nur einen Berührpunkt und eine Tangente, die durch den Punkt P(0/6) verläuft. Mit diesem x-Wert für den Berührpunkt ergibt sich mit der Funktionsgleichung der y-Wert und mit Gleichung [9.4] die Tangentensteigung und mit Gleichung [9.3] der Achsenabschnitt der Tangente.

$$f(x_1) = \frac{1}{8}x_1^3 - x_1^2$$

$$f(-2) = \frac{1}{8}(-2)^3 - (-2)^2$$

$$f(-2) = -5$$

$$m_1 = \frac{3}{8}x_1^2 - 2x_1$$

$$m_1 = \frac{3}{8}(-2)^2 - 2 \cdot (-2)$$

$$m_1 = \frac{11}{2}$$

$$b_1 = 6$$

$$B_1(-2/-5)$$

$$t_1(x) = \frac{11}{2}x + 6$$

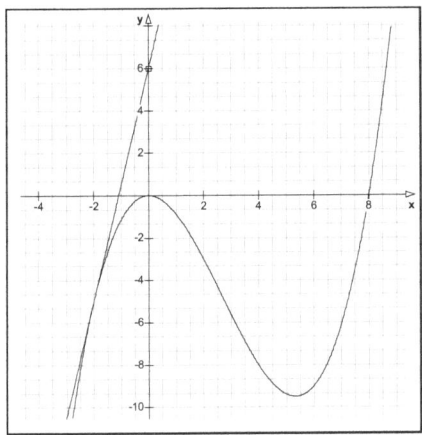

**Aufgabe 10)**
In den bisherigen Aufgaben lag sowohl die Funktion wie auch der Punkt P fest. Jetzt enthält sowohl die Funktion wie auch der Punkt P einen Parameter a.

Gegeben ist die Funktion $f(x) = x^2 + a$. Berechnen Sie alle Tangentengleichungen $t(x)$ an den Funktionsgraphen, die durch den Punkt $P(1/-3+a)$ gehen, sowie die zugehörigen Berührpunkte.

Lösung:
Am Berührpunkt B gilt:

$$f(x) = t(x) \qquad [10.1]$$

Für die Tangente t gilt die Gleichung:

$$t(x) = mx + b \qquad [10.2]$$

und damit folgt für den Achsenabschnitt b die Gleichung

$$b = y - mx$$

$$\text{mit } P(1/-3+a)$$
$$\Downarrow$$

$$b = -3 + a - m \cdot 1$$

$$b = -m - 3 + a \qquad [10.3]$$

Da am Berührpunkt B der Funktionsgraph und die Tangente die gleiche Steigung haben, gilt:

27

$$f'(x) = m$$

$$2x = m \qquad [10.4]$$

Wir setzen nun die Gleichungen [10.2], [10.3] und [10.4] in Gleichung [10.1] ein und erhalten:

$$f(x) = t(x)$$
$$x^2 + a = mx + b$$
$$x^2 + a = mx - m - 3 + a$$
$$x^2 + a = 2x \bullet x - 2x - 3 + a$$
$$x^2 + a = 2x^2 - 2x - 3 + a$$

$$x^2 - 2x - 3 = 0 \qquad [10.5]$$

Wir erkennen, dass Gleichung [10.5] nicht mehr von dem Parameter a abhängt und damit hängen auch die x-Werte der Berührpunkte nicht mehr von a ab – die Funktionswerte der Berührpunkte sind indes sehr wohl von a abhängig.

$$x^2 - 2x - 3 = 0$$
$$x_{1,2} = \frac{-(-2) \pm \sqrt{(-2)^2 - 4 \bullet 1 \bullet (-3)}}{2 \bullet 1}$$
$$x_{1,2} = \frac{2 \pm \sqrt{16}}{2}$$
$$x_1 = 3$$
$$x_2 = -1$$

Daraus ergeben sich mit der Funktionsgleichung die y-Werte der Berührpunkte und mit Gleichung [10.4] die Tangentensteigungen und mit Gleichung [10.3] die Achsenabschnitte der Tangenten.

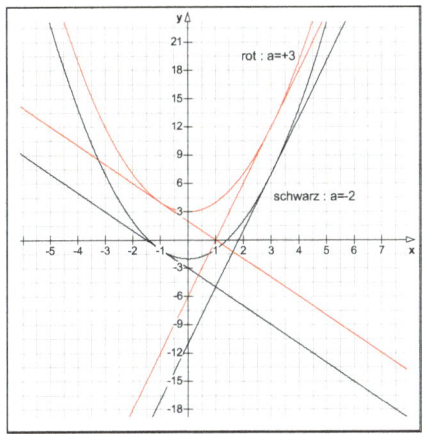

**Aufgabe 11)**

Wie bereits in Aufgabe 10 enthält auch diesmal die Funktion wie auch der Punkt P einen Parameter a.

Gegeben ist die Funktion $f(x) = ax^2 - a$ mit $a \neq 0$. Berechnen Sie alle Tangentengleichungen t(x) an den Funktionsgraphen, die durch den Punkt P(-2/-a) gehen, sowie die zugehörigen Berührpunkte.

Lösung:
Am Berührpunkt B gilt:

$$f(x) = t(x) \qquad\qquad [11.1]$$

Für die Tangente t gilt die Gleichung:

$$t(x) = mx + b \qquad\qquad [11.2]$$

und damit folgt für den Achsenabschnitt b die Gleichung

$$b = y - mx$$

$$\text{mit } P(-2/-a)$$
$$\Downarrow$$

$$b = -a - m \cdot (-2)$$

$$b = 2m - a \qquad\qquad [11.3]$$

Da am Berührpunkt B der Funktionsgraph und die Tangente die gleiche Steigung haben, gilt:

$$f'(x) = m$$

$$2ax = m \qquad [11.4]$$

Wir setzen nun die Gleichungen [11.2], [11.3] und [11.4] in Gleichung [11.1] ein und erhalten:

$$f(x) = t(x)$$
$$ax^2 - a = mx + b$$
$$ax^2 - a = mx + 2m - a$$
$$ax^2 - a = (2ax) \cdot x + 2 \cdot (2ax) - a$$
$$ax^2 - a = 2ax^2 + 4ax - a$$

$$ax^2 + 4ax = 0 \qquad [11.5]$$

Wir bestimmen aus Gleichung [11.5] die x-Werte der Berührpunkte.

$$ax^2 + 4ax = 0$$
$$x \cdot (ax + 4a) = 0$$
$$x_1 = 0$$
$$x_2 = -4$$

Daraus ergeben sich mit der Funktionsgleichung die y-Werte der Berührpunkte und mit Gleichung [11.4] die Tangentensteigungen und mit Gleichung [11.3] die Achsenabschnitte der Tangenten.

$$f(x_1) = ax_1^2 - a \qquad\qquad f(x_2) = ax_2^2 - a$$
$$f(0) = a \cdot 0^2 - a \qquad\qquad f(-4) = a \cdot (-4)^2 - a$$
$$f(0) = -a \qquad\qquad\qquad f(-4) = 15a$$

$$m_1 = 2ax_1 \qquad\qquad\quad m_2 = 2ax_2$$
$$m_1 = 2a \cdot 0 \qquad\qquad\quad m_2 = 2a \cdot (-4)$$
$$m_1 = 0 \qquad\qquad\qquad m_2 = -8a$$

$$b_1 = -2m_1 - a \qquad\qquad b_2 = 2m_2 - a$$
$$b_1 = -2 \cdot 0 - a \qquad\qquad b_2 = 2 \cdot (-8a) - a$$
$$b_1 = -a \qquad\qquad\qquad b_2 = -17a$$

$$B_1(0 / -a) \qquad\qquad\qquad B_2(-4 / 15a)$$
$$t_1(x) = -a \qquad\qquad\qquad t_2(x) = -8ax - 17a$$

In der folgenden Abbildung sind die waagrechten Tangenten $t_1$ nicht eingezeichnet.

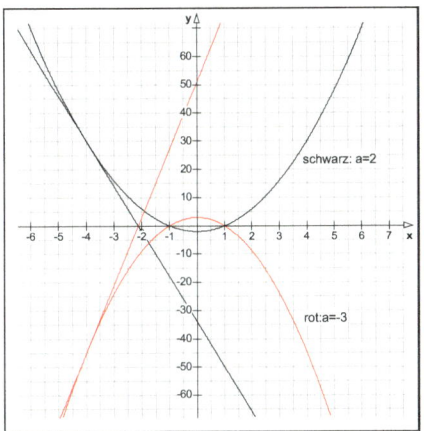

Wenn wir die Tangente $t_2$ betrachten, so ergibt sich beim Übergang von a $\rightarrow$ -a:

$$t_{2/a}(x) = -8ax - 17a$$
$$\Downarrow$$
$$t_{2/-a}(x) = -8 \cdot (-a) \cdot x - 17 \cdot (-a)$$
$$t_{2/-a}(x) = 8ax + 17a$$
$$t_{2/-a}(x) = -t_{2/a}(x)$$

Die Tangente zum Parameter a ist demnach die an der x-Achse gespiegelte Tangente zum Parameter –a. Wir berechnen noch den Schnittpunkt S:

$$t_{2/a}(x_S) = t_{2/-a}(x_S)$$
$$-8ax_S - 17a = -8 \cdot (-a) \cdot x_S - 17 \cdot (-a)$$
$$-8ax_S - 17a = 8ax_S + 17a$$
$$16ax_S + 34a = 0$$
$$x_S = -\frac{34a}{16a}$$
$$x_S = -\frac{17}{8}$$
$$\Downarrow$$
$$S(-\frac{17}{8}/0)$$

Wir berechnen noch den Schnittpunkt G von zwei Tangenten, die nicht zum Parameterpaar a/-a gehören, sondern zu zwei beliebigen Parametern b und c:

$$t_{2/b}(x_G) = t_{2/c}(x_G)$$
$$-8bx_G - 17b = -8cx_G - 17c$$
$$-8bx_G - 17b + 8cx_G + 17c = 0$$
$$x_G(-8b + 8c) + 17(-b + c) = 0$$
$$x_G = -\frac{17(-b + c)}{(-8b + 8c)}$$
$$x_G = \frac{17(b - c)}{8(c - b)}$$

$$t_{2/b}(\frac{17(b-c)}{8(c-b)}) = -8b(\frac{17(b-c)}{8(c-b)}) - 17b$$

$$t_{2/b}(\frac{17(b-c)}{8(c-b)}) = -\frac{17b(b-c)}{(c-b)} - 17b$$

$$t_{2/b}(\frac{17(b-c)}{8(c-b)}) = -17b(\frac{b-c}{c-b} + 1)$$

$$t_{2/b}(\frac{17(b-c)}{8(c-b)}) = -17b(\frac{b-c+c-b}{c-b})$$

$$t_{2/b}(\frac{17(b-c)}{8(c-b)}) = -17b(\frac{0}{c-b})$$

$$t_{2/b}(\frac{17(b-c)}{8(c-b)}) = 0$$

$$G(\frac{17(b-c)}{8(c-b)} / 0)$$

Der Schnittpunkt der beiden Tangenten liegt demnach für beliebige Parameter a immer auf der x-Achse, jedoch nicht immer bei $-\frac{17}{8}$.

**Aufgabe 12)**
Nachdem wir bisher ganzrationale Funktionen mit und ohne Parameter untersucht haben, wenden wir uns nun gebrochen rationalen Funktionen zu.

Gegeben ist die Funktion $f(x) = -\frac{1}{x}$ ; $x \neq 0$. Berechnen Sie alle Tangentengleichungen $t(x)$ an den Funktionsgraphen, die durch den Punkt P(4/2) gehen, sowie die zugehörigen Berührpunkte.

Lösung:
Am Berührpunkt B gilt:

$$f(x) = t(x) \qquad\qquad [12.1]$$

Für die Tangente t gilt die Gleichung:

$$t(x) = mx + b \qquad [12.2]$$

und damit folgt für den Achsenabschnitt b die Gleichung

$$b = y - mx$$

$$\text{mit } P(4/2)$$
$$\Downarrow$$

$$b = 2 - m \cdot 4$$

$$b = -4m + 2 \qquad [12.3]$$

Da am Berührpunkt B der Funktionsgraph und die Tangente die gleiche Steigung haben, gilt:

$$f'(x) = m$$
$$(-\frac{1}{x})' = m$$
$$(-x^{-1}) = m$$
$$-(-1) \cdot x^{-2} = m$$

$$\frac{1}{x^2} = m \qquad [12.4]$$

Wir setzen nun die Gleichungen [12.2], [12.3] und [12.4] in Gleichung [12.1] ein und erhalten:

$$f(x) = t(x)$$
$$-\frac{1}{x} = mx + b$$
$$-\frac{1}{x} = \frac{1}{x^2}x - 4m + 2$$
$$-\frac{1}{x} = \frac{1}{x^2}x - 4 \cdot \frac{1}{x^2} + 2$$
$$-\frac{1}{x} = \frac{1}{x} - \frac{4}{x^2} + 2$$

$$-\frac{4}{x^2} + \frac{2}{x} + 2 = 0 \qquad [12.5]$$

Wir bestimmen aus Gleichung [12.5] die x-Werte der Berührpunkte.

$$-\frac{4}{x^2}+\frac{2}{x}+2=0$$

$$-4+2x+2x^2=0$$

$$2x^2+2x-4=0$$

$$x_{1,2}=\frac{-2\pm\sqrt{2^2-4\cdot2\cdot(-4)}}{2\cdot2}$$

$$x_{1,2}=\frac{-2\pm\sqrt{36}}{4}$$

$$x_1=1$$

$$x_2=-2$$

Wir erkennen, dass durch die Multiplikation mit $x^2$ im ersten Schritt eine quadratische Funktion entsteht, die aufgelöst werden kann. Daraus ergeben sich mit der Funktionsgleichung die y-Werte der Berührpunkte und mit Gleichung [12.4] die Tangentensteigungen und mit Gleichung [12.3] die Achsenabschnitte der Tangenten.

$$f(x_2)=-\frac{1}{x_2}$$

$$f(x_1)=-\frac{1}{x_1}$$

$$f(-2)=-\frac{1}{-2}$$

$$f(1)=-\frac{1}{1}$$

$$f(-2)=\frac{1}{2}$$

$$f(1)=-1$$

$$m_2=\frac{1}{x_2^2}$$

$$m_1=\frac{1}{x_1^2}$$

$$m_2=\frac{1}{(-2)^2}$$

$$m_1=\frac{1}{1^2}$$

$$m_2=\frac{1}{4}$$

$$m_1=1$$

$$b_1=-4m_1+2$$

$$b_2=-4m_2+2$$

$$b_1=-4\cdot1+2$$

$$b_2=-4\cdot\frac{1}{4}+2$$

$$b_1=-2$$

$$b_2=1$$

$$B_1(1/-1)$$

$$t_1(x)=x-2$$

$$B_1(-2/\frac{1}{2})$$

$$t_1(x)=\frac{1}{4}x+1$$

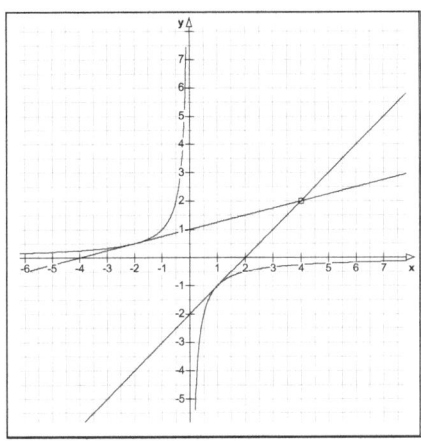

**Aufgabe 13)**

Gegeben ist die Funktion $f(x) = -\dfrac{2}{x+1}$ ; $x \neq -1$. Berechnen Sie alle Tangentengleichungen t(x) an den Funktionsgraphen, die durch den Punkt P(-1/-2) gehen, sowie die zugehörigen Berührpunkte.

Lösung:
Am Berührpunkt B gilt:

$$f(x) = t(x) \qquad\qquad [13.1]$$

Für die Tangente t gilt die Gleichung:

$$t(x) = mx + b \qquad\qquad [13.2]$$

und damit folgt für den Achsenabschnitt b die Gleichung

$$b = y - mx$$

$$\text{mit } P(-1/-2)$$
$$\Downarrow$$

$$b = -2 - m\cdot(-1)$$

$$b = m - 2 \qquad\qquad [13.3]$$

Da am Berührpunkt B der Funktionsgraph und die Tangente die gleiche Steigung haben, gilt:

35

$$f'(x) = m$$

$$\left(-\frac{2}{x+1}\right)' = m$$

$$(-2(x+1)^{-1})' = m$$

$$-2\cdot(-1)\cdot(x+1)^{-2}\cdot1 = m$$

$$\frac{2}{(x+1)^2} = m \qquad\qquad [13.4]$$

Wir setzen nun die Gleichungen [13.2], [13.3] und [13.4] in Gleichung [13.1] ein und erhalten:

$$f(x) = t(x)$$

$$-\frac{2}{x+1} = mx + b$$

$$-\frac{2}{x+1} = \frac{2}{(x+1)^2}x + m - 2$$

$$-\frac{2}{x+1} = \frac{2x}{(x+1)^2} + \frac{2}{(x+1)^2} - 2$$

$$-\frac{2}{x+1} = \frac{2x+2}{(x+1)^2} - 2$$

und weiterhin ergibt sich:

$$\frac{2x+2}{(x+1)^2} - 2 + \frac{2}{x+1} = 0$$

$$\frac{2x+2}{(x+1)^2} - \frac{2(x+1)^2}{(x+1)^2} + \frac{2(x+1)}{(x+1)^2} = 0$$

$$\frac{2x+2-2(x+1)^2+2(x+1)}{(x+1)^2} = 0$$

$$2x+2-2(x+1)^2+2(x+1) = 0$$

$$2x+2-2x^2-4x-2+2x+2 = 0$$

$$-2x^2+2 = 0$$

$$x^2 - 1 = 0 \qquad\qquad [13.5]$$

Wir bestimmen aus Gleichung [13.5] die x-Werte der Berührpunkte.

$$x^2 - 1 = 0$$

$$x^2 = 1$$

$$x_1 = 1$$

$$x_2 = -1$$

Wir erkennen, dass die Lösung x=-1 nicht zum Definitionsbereich der Funktion gehört. Somit ergibt sich nur ein Punkt, bei dem die Tangente so angelegt werden kann, dass sie auch durch den Punkt P(-1/-2) geht. Es ergibt sich mit der Funktionsgleichung der y-Wert des Berührpunkts und mit Gleichung [13.4] die Tangentensteigungen und mit Gleichung [13.3] der Achsenabschnitt der Tangente.

$$f(x_1) = \frac{-2}{x_1 + 1}$$

$$f(1) = \frac{-2}{2}$$

$$f(1) = -1$$

$$m_1 = \frac{2}{(x_1 + 1)^2}$$

$$m_1 = \frac{2}{(1 + 1)^2}$$

$$m_1 = \frac{1}{2}$$

$$b_1 = m_1 - 2$$

$$b_1 = \frac{1}{2} - 2$$

$$b_1 = -\frac{3}{2}$$

$$B_1(1/-1)$$

$$t_1(x) = \frac{1}{2}x - \frac{3}{2}$$

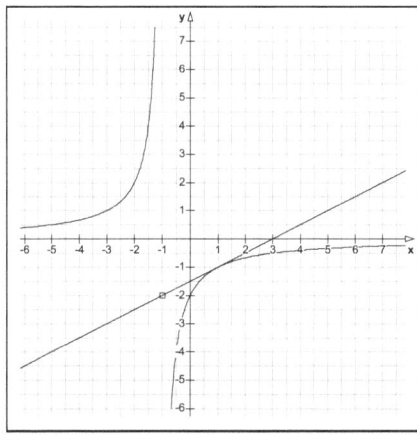

37

Für diese Aufgabe gibt es nur eine Gerade, die Tangente an die Funktion durch den Punkt P(-1/-2) ist, da der x-Wert des Punktes P gleich dem x-Wert der Polstelle der Funktion ist.

## Aufgabe 14)

Gegeben ist die Funktion $f(x) = \dfrac{x+1}{x}$ ; $x \neq 0$. Berechnen Sie alle Tangentengleichungen t(x) an den Funktionsgraphen, die durch den Punkt P(4/-1) gehen, sowie die zugehörigen Berührpunkte.

Lösung:
Am Berührpunkt B gilt:

$$f(x) = t(x) \qquad\qquad [14.1]$$

Für die Tangente t gilt die Gleichung:

$$t(x) = mx + b \qquad\qquad [14.2]$$

und damit folgt für den Achsenabschnitt b die Gleichung

$$b = y - mx$$

$$\text{mit } P(4/-1)$$
$$\Downarrow$$

$$b = -1 - m\cdot 4$$

$$b = -4m - 1 \qquad\qquad [14.3]$$

Da am Berührpunkt B der Funktionsgraph und die Tangente die gleiche Steigung haben, gilt:

$$f'(x) = m$$
$$(\frac{x+1}{x})' = m$$
$$\frac{1\cdot x - 1\cdot(x+1)}{x^2} = m$$
$$\frac{x - x - 1}{x^2} = m$$

$$-\frac{1}{x^2} = m \qquad\qquad [14.4]$$

Wir setzen nun die Gleichungen [14.2], [14.3] und [14.4] in Gleichung [14.1] ein und erhalten:

38

$$f(x) = t(x)$$

$$\frac{x+1}{x} = mx + b$$

$$\frac{x+1}{x} = -\frac{1}{x^2} \cdot x - 4m - 1$$

$$\frac{x+1}{x} = -\frac{1}{x^2} \cdot x - 4 \cdot (-\frac{1}{x^2}) - 1$$

$$\frac{x+1}{x} = -\frac{1}{x} + \frac{4}{x^2} - 1$$

und weiterhin ergibt sich:

$$\frac{x+1}{x} + \frac{1}{x} - \frac{4}{x^2} + 1 = 0$$

$$\frac{(x+1) \cdot x}{x^2} + \frac{x}{x^2} - \frac{4}{x^2} + \frac{x^2}{x^2} = 0$$

$$\frac{x^2 + x + x - 4 + x^2}{x^2} = 0$$

$$2x^2 + 2x - 4 = 0 \qquad\qquad [14.5]$$

Wir bestimmen aus Gleichung [14.5] die x-Werte der Berührpunkte.

$$2x^2 + 2x - 4 = 0$$

$$x_{1,2} = \frac{-2 \pm \sqrt{2^2 - 4 \cdot 2 \cdot (-4)}}{2 \cdot 2}$$

$$x_{1,2} = \frac{-2 \pm \sqrt{4 + 32}}{4}$$

$$x_{1,2} = \frac{-2 \pm 6}{4}$$

$$x_1 = 1$$

$$x_2 = -2$$

Beide Lösungen gehören zum Definitionsbereich der Funktion, sodass sich auch zwei Berührpunkte ergeben. Mit der Funktionsgleichung ergeben sich die y-Werte der Berührpunkte und mit Gleichung [14.4] die Tangentensteigungen und mit Gleichung [14.3] die Achsenabschnitte der Tangenten.

$$f(x_2) = \frac{x_2 + 1}{x_2}$$

$$f(x_1) = \frac{x_1 + 1}{x_1}$$

$$f(-2) = \frac{-2 + 1}{-2}$$

$$f(1) = \frac{1 + 1}{1}$$

$$f(-2) = \frac{1}{2}$$

$$f(1) = 2$$

$$m_2 = -\frac{1}{x_2^2}$$

$$m_1 = -\frac{1}{x_1^2}$$

$$m_2 = -\frac{1}{(-2)^2}$$

$$m_1 = -\frac{1}{1^2}$$

$$m_2 = -\frac{1}{4}$$

$$m_1 = -1$$

$$b_1 = -4m_1 - 1$$

$$b_2 = -4m_2 - 1$$

$$b_1 = -4\cdot(-1) - 1$$

$$b_2 = -4\cdot(-\frac{1}{4}) - 1$$

$$b_1 = 3$$

$$b_2 = 0$$

$$B_1(1/2)$$

$$t_1(x) = -x + 3$$

$$B_2(-2/\frac{1}{2})$$

$$t_2(x) = -\frac{1}{4}x$$

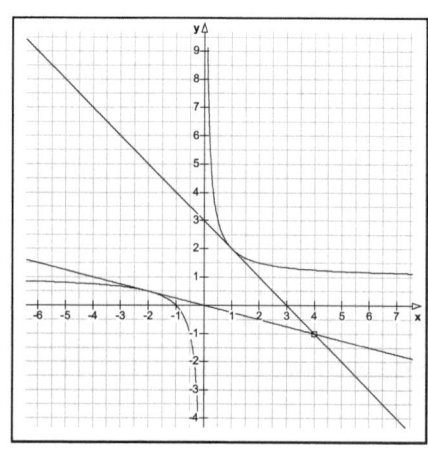

**Aufgabe 15)**

Gegeben ist die Funktion $f(x) = \dfrac{x^2 - 36}{x^2 + 16}$. Berechnen Sie alle Tangentengleichungen t(x) an den Funktionsgraphen, die durch den Punkt P(0/-2,25) gehen, und deren Steigung von Null verschieden ist sowie die zugehörigen Berührpunkte. Die Aufgabe wurde in leicht abgewandelter Form als Aufgabe in einer Abiturprüfung gestellt.

Lösung:
Durch Einsetzen der Koordinaten des Punktes in die Funktion erkennen wir, dass der Punkt zur Funktion gehört: $P \in f(x)$. Wenn wir die Extrempunkte der Funktion berechnen, so erkennen wir weiterhin, dass der Punkt P der Tiefpunkt der Funktion ist. Daher schließen wir aus der Berechnung die Tangenten mit der Steigung Null aus.

Am Berührpunkt B gilt:

$$f(x) = t(x) \qquad\qquad [15.1]$$

Für die Tangente t gilt die Gleichung:

$$t(x) = mx + b \qquad\qquad [15.2]$$

und damit folgt für den Achsenabschnitt b die Gleichung

$$b = y - mx$$

$$\text{mit } P(0 / -2,25)$$
$$\Downarrow$$

$$b = -2,25 - m \cdot 0$$

$$b = -2,25 \qquad\qquad [15.3]$$

Da am Berührpunkt B der Funktionsgraph und die Tangente die gleiche Steigung haben, gilt:

$$f'(x) = m$$
$$\left(\frac{x^2 - 36}{x^2 + 16}\right)' = m$$
$$\frac{2x \cdot (x^2 + 16) - 2x \cdot (x^2 - 36)}{(x^2 + 16)^2} = m$$
$$\frac{2x^3 + 32x - 2x^3 + 72x}{(x^2 + 16)^2} = m$$

$$\frac{104x}{(x^2 + 16)^2} = m \qquad\qquad [15.4]$$

Wir setzen nun die Gleichungen [15.2], [15.3] und [15.4] in Gleichung [15.1] ein und erhalten:

$$f(x) = t(x)$$

$$\frac{x^2 - 36}{x^2 + 16} = \frac{104x}{(x^2 + 16)^2} \cdot x - 2{,}25$$

$$\frac{x^2 - 36}{x^2 + 16} = \frac{104x^2}{(x^2 + 16)^2} - 2{,}25$$

$$\frac{x^2 - 36}{x^2 + 16} \cdot (x^2 + 16)^2 = 104x^2 - 2{,}25 \cdot (x^2 + 16)^2$$

$$(x^2 - 36) \cdot (x^2 + 16) = 104x^2 - 2{,}25 \cdot (x^2 + 16)^2$$

$$x^4 - 36x^2 + 16x^2 - 576 = 104x^2 - 2{,}25 \cdot (x^4 + 32x^2 + 256)$$

$$x^4 - 20x^2 - 576 = 104x^2 - 2{,}25x^4 - 72x^2 - 576$$

$$3{,}25x^4 - 52x^2 = 0$$

$$x^4 - 16x^2 = 0 \qquad\qquad [15.5]$$

Wir bestimmen aus Gleichung [15.5] die x-Werte der Berührpunkte.

$$x^4 - 16x^2 = 0$$

$$x^2 \cdot (x^2 - 16) = 0$$

$$x_{1,2} = 0$$

$$x_{3,4} = \sqrt{16}$$

$$x_3 = +4$$

$$x_4 = -4$$

Die Lösungen $x_{1,2} = 0$ schließen wir aus, da an dieser Stelle der Tiefpunkt der Funktion ist und damit die Tangente dort die Steigung Null hat. Mit den Werten x=+4 und x=-4 berechnen wir jetzt die Funktionswerte der Berührpunkte und mit Gleichung [15.4] die Tangentensteigungen. Mit Gleichung [15.3] ist der Achsenabschnitt der Tangentengleichungen bereits gegeben.

$$f(x_3) = \frac{x_3^2 - 36}{x_3^2 + 16} \qquad\qquad f(x_4) = \frac{x_4^2 - 36}{x_4^2 + 16}$$

$$f(4) = \frac{16 - 36}{16 + 16} \qquad\qquad f(-4) = \frac{16 - 36}{16 + 16}$$

$$f(4) = -0{,}625 \qquad\qquad f(-4) = -0{,}625$$

$$m_3 = \frac{104x_3}{(x_3^2 + 16)^2} \qquad\qquad m_4 = \frac{104x_4}{(x_4^2 + 16)^2}$$

$$m_3 = \frac{104 \cdot 4}{(16 + 16)^2} \qquad\qquad m_4 = \frac{104 \cdot (-4)}{(16 + 16)^2}$$

$$m_3 = 0{,}40625 \qquad\qquad m_4 = -0{,}40625$$

$$b_3 = -2{,}25 \qquad\qquad b_4 = -2{,}25$$

$$B_3(4 / -0{,}625) \qquad\qquad B_3(-4 / -0{,}625)$$

$$t_3(x) = 0{,}40625x - 2{,}25 \qquad\qquad t_4(x) = -0{,}40625x - 2{,}25$$

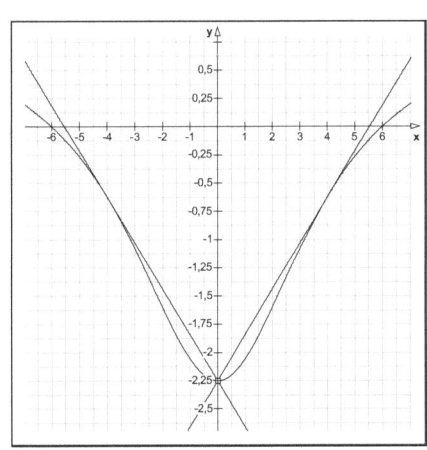

**Aufgabe 16)**
Diese Aufgabe zeigt nun die Bearbeitung der Problemstellung anhand einer gebrochen rationalen Funktion mit einem Parameter a.

Gegeben ist die Funktion $f(x) = -\dfrac{2}{x - 2} + a$. Berechnen Sie alle Tangenten-gleichungen $t(x)$ an den Funktionsgraphen, die durch den Punkt $P(1/a)$ gehen, sowie die zugehörigen Berührpunkte.

Lösung:
Am Berührpunkt B gilt:

43

$$f(x) = t(x) \qquad\qquad [16.1]$$

Für die Tangente t gilt die Gleichung:

$$t(x) = mx + b \qquad\qquad [16.2]$$

und damit folgt für den Achsenabschnitt b die Gleichung

$$b = y - mx$$

mit P(1/a)
$$\Downarrow$$

$$b = a - m{\cdot}1$$

$$b = -m + a \qquad\qquad [16.3]$$

Da am Berührpunkt B der Funktionsgraph und die Tangente die gleiche Steigung haben, gilt:

$$f'(x) = m$$

$$(-\frac{2}{x-2} + a)' = m$$

$$\frac{2}{(x-2)^2} = m \qquad\qquad [16.4]$$

Wir setzen nun die Gleichungen [16.2], [16.3] und [16.4] in Gleichung [16.1] ein und erhalten:

$$f(x) = t(x)$$

$$-\frac{2}{x-2} + a = mx + b$$

$$-\frac{2}{x-2} + a = \frac{2}{(x-2)^2}{\cdot}x - m + a$$

$$-\frac{2}{x-2} + a = \frac{2}{(x-2)^2}{\cdot}x - \frac{2}{(x-2)^2} + a$$

$$-\frac{2}{x-2} + a = \frac{2(x-1)}{(x-2)^2} + a$$

und weiterhin ergibt sich:

$$\frac{2(x-1)}{(x-2)^2} + a + \frac{2}{x-2} - a = 0$$

$$\frac{2(x-1)}{(x-2)^2} + \frac{2}{x-2} = 0$$

$$\frac{2(x-1) + 2(x-2)}{(x-2)^2} = 0$$

$$2x - 2 + 2x - 4 = 0$$

$$4x - 6 = 0 \qquad\qquad [16.5]$$

Wir bestimmen aus Gleichung [16.5] die x-Werte des Berührpunkts.

$$4x - 6 = 0$$

$$x = \frac{3}{2}$$

Wir erhalten demnach nur einen Berührpunkt und damit auch nur eine Tangente durch den Punkt P(1/a). Mit der Funktionsgleichung ergeben sich die y-Werte der Berührpunkte und mit Gleichung [16.4] die Tangentensteigungen und mit Gleichung [16.3] die Achsenabschnitte der Tangenten.

$$f(x) = -\frac{2}{(x-2)} + a$$

$$f(\frac{3}{2}) = -\frac{2}{(\frac{3}{2}-2)} + a$$

$$f(\frac{3}{2}) = 4 + a$$

$$m = \frac{2}{(x-2)^2}$$

$$m = \frac{2}{(\frac{3}{2}-2)^2}$$

$$m = 8$$

$$b = -m + a$$

$$b = -8 + a$$

$$B(\frac{3}{2} / 4 + a)$$

$$t(x) = 8x - 8 + a$$

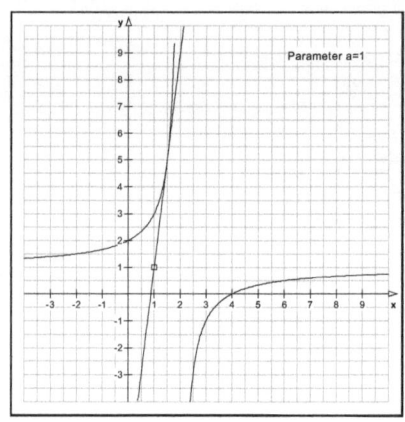
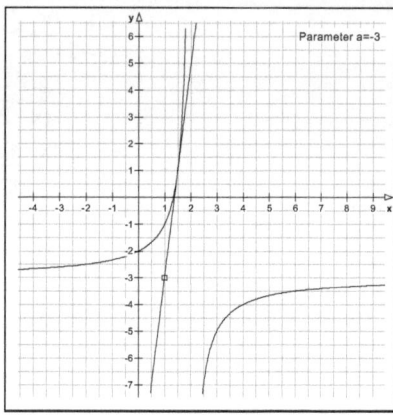

Dass sich nur ein Berührpunkt ergibt, wird bei genauerer Betrachtung des Funktionsgraphen verständlicher. Wir erkennen eine Polstelle bei x=2 und eine waagrechte Tangente bei y=a. Der Punkt P liegt demnach links von der Polstelle und auf der waagrechten Asymptote. Es kann keine Steigung einer Geraden geben, die den rechten Ast des Graphen berührt, da der rechte Ast immer nur positive Steigungswerte aufweist, jede Gerade, die gemeinsame Punkte mit dem rechten Ast aufweist, bedingt jedoch negative Steigungen. Auf dem linken Funktionsast kann es nur eine Berührstelle geben, da der Punkt P auf der waagrechten Asymptote liegt und damit den Graphen nur bei größeren x-Werten berühren kann, bei kleineren x-Werten liegt auf jeden Fall ein Schnittpunkt vor.

Bei Funktionen dieses Typs wird die Ebene durch die Polstelle, die waagrechte Asymptote und die beiden Funktionsäste des Graphen in sechs Teilebenen eingeteilt. Je nachdem, in welcher Teilebene der Punkt P liegt, ergeben sich unterschiedliche Tangenten.

Teilebene 1: begrenzt durch die Polstelle und die waagrechte Asymptote
→ zwei Tangenten, an jedem der beiden Funktionsäste eine
Teilebene 2: begrenzt durch die Polstelle, die waagrechte Asymptote und den linken Funktionsast
→ zwei Tangenten am linken Funktionsast
Teilebene 3: begrenzt durch den linken Funktionsast
→ keine Tangente
Teilebene 4: begrenzt durch die Polstelle und die waagrechte Asymptote
→ zwei Tangenten, an jedem der beiden Funktionsäste eine
Teilebene 5: begrenzt durch die Polstelle, die waagrechte Asymptote und den rechten Funktionsast
→ zwei Tangenten am rechten Funktionsast
Teilebene 6: begrenzt durch den rechten Funktionsast
→ keine Tangente
P liegt auf der waagrechten Asymptote: → eine Tangente
P liegt auf der Polstelle: → eine Tangente
P liegt auf dem Schnittpunkt von Asymptote und Polstelle: → keine Tangente

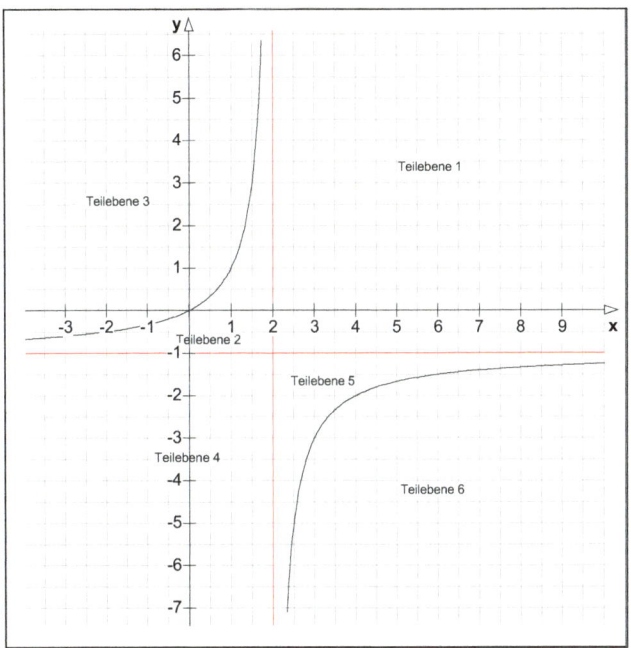

**Aufgabe 17)**
Bei den nächsten Aufgaben werden Wurzelfunktionen untersucht. Wird bei diesem Funktionstyp dieselbe Methode angewandt wie bisher, so ergeben sich Funktionen, die nur schlecht oder gar nicht elementar gelöst werden können.

Daher wird bei diesen Funktionen zunächst die Umkehrfunktion bestimmt, also die gegebene Funktion an der ersten Winkelhalbierenden gespiegelt. Ebenso wird der Punkt P an der ersten Winkelhalbierenden gespiegelt. Dann werden die Tangenten ermittelt. Zum Schluss werden dann die Tangenten und die Berührpunkte wiederum an der ersten Winkelhalbierenden gespiegelt, um so die Tangenten und Berührpunkte der gegebenen Funktion zu bestimmen.

Gegeben ist die Funktion $f(x) = \sqrt{x+2}$. Berechnen Sie alle Tangentengleichungen $t(x)$ an den Funktionsgraphen, die durch den Punkt $P(2/2,5)$ gehen, sowie die zugehörigen Berührpunkte.

Lösung:
Wir bestimmen zunächst die Umkehrfunktion von $f(x)$ sowie den zu Punkt P gespiegelten Punkt Q:

47

$$f(x) = \sqrt{x+2}$$
$$y = \sqrt{x+2}$$
$$x = \sqrt{y+2}$$
$$x^2 = y+2$$
$$y = x^2 - 2$$

$$g(x) = x^2 - 2 \qquad\qquad\qquad [17.1]$$

$$P(2/2,5) \Rightarrow Q(2,5/2)$$

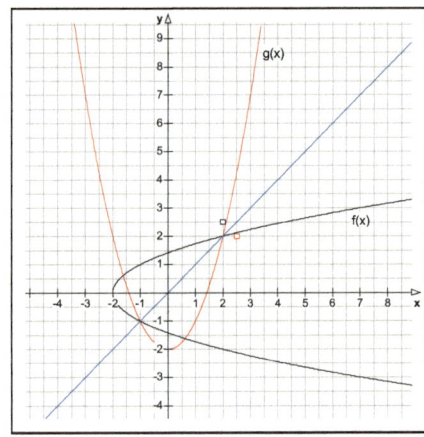

Ausgehend von Gleichung [17.1] und mit Punkt Q bestimmen wir nun so wie bisher die Berührpunkte C und die Tangenten u.

Am Berührpunkt C gilt:

$$g(x) = u(x) \qquad\qquad\qquad [17.2]$$

Für die Tangente u gilt die Gleichung:

$$u(x) = mx + b \qquad\qquad\qquad [17.3]$$

und damit folgt für den Achsenabschnitt b die Gleichung

$$b = y - mx$$

mit $Q(2,5/2)$
$$\Downarrow$$

$$b = 2 - m \cdot 2,5$$

48

$$b = 2 - 2{,}5m \qquad [17.4]$$

Da am Berührpunkt C der Funktionsgraph und die Tangente die gleiche Steigung haben, gilt:

$$g'(x) = m$$

$$2x = m \qquad [17.5]$$

Wir setzen nun die Gleichungen [17.3], [17.4] und [17.5] in Gleichung [17.2] ein und erhalten:

$$g(x) = u(x)$$
$$x^2 - 2 = mx + b$$
$$x^2 - 2 = mx + (2 - 2{,}5m)$$
$$x^2 - 2 = 2x \cdot x + 2 - 2{,}5 \cdot 2x$$
$$x^2 - 2 = 2x^2 + 2 - 5x$$

$$x^2 - 5x + 4 = 0 \qquad [17.6]$$

Gleichung [17.6] wird nach x aufgelöst und wir erhalten damit die Berührpunkte.

$$x^2 - 5x + 4 = 0$$
$$x_{1,2} = \frac{-(-5) \pm \sqrt{(-5)^2 - 4 \cdot (1) \cdot (4)}}{2 \cdot 1}$$
$$x_{1,2} = \frac{5 \pm \sqrt{9}}{2}$$
$$x_1 = 4$$
$$x_2 = 1$$

Daraus ergeben sich mit der Funktionsgleichung für g(x) die Berührpunkte C und mit Gleichung [17.5] die Tangentensteigungen und mit Gleichung [17.4] die Achsenabschnitte der Tangenten u.

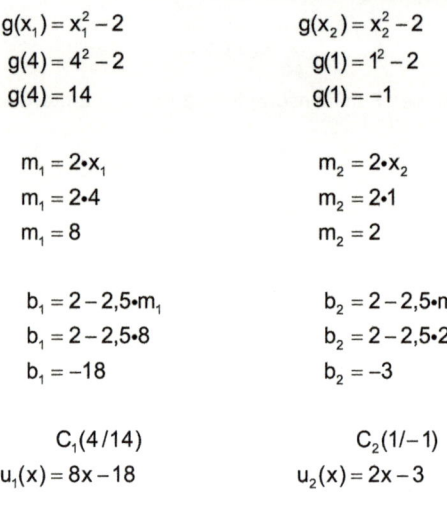

$$g(x_1) = x_1^2 - 2 \qquad\qquad g(x_2) = x_2^2 - 2$$
$$g(4) = 4^2 - 2 \qquad\qquad g(1) = 1^2 - 2$$
$$g(4) = 14 \qquad\qquad\qquad g(1) = -1$$

$$m_1 = 2 \cdot x_1 \qquad\qquad m_2 = 2 \cdot x_2$$
$$m_1 = 2 \cdot 4 \qquad\qquad m_2 = 2 \cdot 1$$
$$m_1 = 8 \qquad\qquad\qquad m_2 = 2$$

$$b_1 = 2 - 2,5 \cdot m_1 \qquad b_2 = 2 - 2,5 \cdot m_2$$
$$b_1 = 2 - 2,5 \cdot 8 \qquad b_2 = 2 - 2,5 \cdot 2$$
$$b_1 = -18 \qquad\qquad b_2 = -3$$

$$C_1(4/14) \qquad\qquad C_2(1/-1)$$
$$u_1(x) = 8x - 18 \qquad\qquad u_2(x) = 2x - 3$$

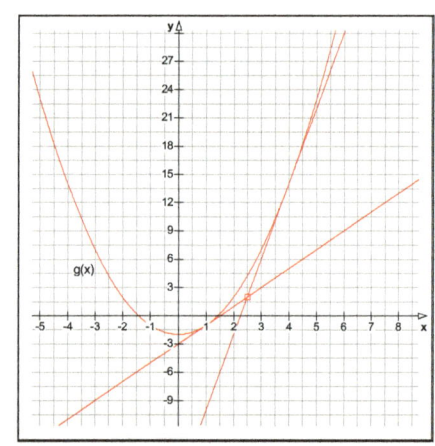

Wir berechnen nun noch aus $C_1$ und $C_2$ die Berührpunkte $B_1$ und $B_2$ des Funktionsgraphen von $f(x)$ und aus den Tangenten $u_1(x)$ und $u_2(x)$ die Gleichungen der Tangenten $t_1$ und $t_2$ an den Funktionsgraphen von $f(x)$ durch den Punkt P.

$$C_1(4/14) \Rightarrow B_1(14/4) \qquad\qquad C_2(1/-1) \Rightarrow B_2(-1/1)$$

$$u_1(x) = 8x - 18 \qquad\qquad u_2(x) = 2x - 3$$

$$y = 8x - 18 \qquad\qquad\qquad y = 2x - 3$$
$$x = 8y - 18 \qquad\qquad\qquad x = 2y - 3$$
$$y = \frac{1}{8}x + \frac{9}{4} \qquad\qquad\qquad y = \frac{1}{2}x + \frac{3}{2}$$

$$t_1(x) = \frac{1}{8}x + \frac{9}{4} \qquad\qquad t_2(x) = \frac{1}{2}x + \frac{3}{2}$$

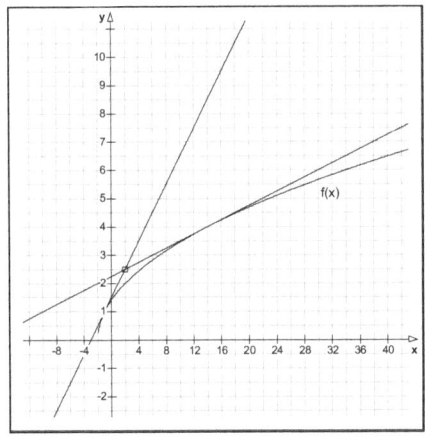

## Aufgabe 18)

Gegeben ist die Funktion $f(x) = \sqrt{2x - 3}$. Berechnen Sie alle Tangentengleichungen $t(x)$ an den Funktionsgraphen, die durch den Punkt $P(1/0)$ gehen, sowie die zugehörigen Berührpunkte.

Lösung:
Wir bestimmen zunächst die Umkehrfunktion von $f(x)$ sowie den zu Punkt P gespiegelten Punkt Q:

$$f(x) = \sqrt{2x - 3}$$
$$y = \sqrt{2x - 3}$$
$$x = \sqrt{2y - 3}$$
$$x^2 = 2y - 3$$
$$y = \frac{1}{2}x^2 + \frac{3}{2}$$

$$g(x) = \frac{1}{2}x^2 + \frac{3}{2} \qquad\qquad\qquad [18.1]$$

$$P(1/0) \Rightarrow Q(0/1)$$

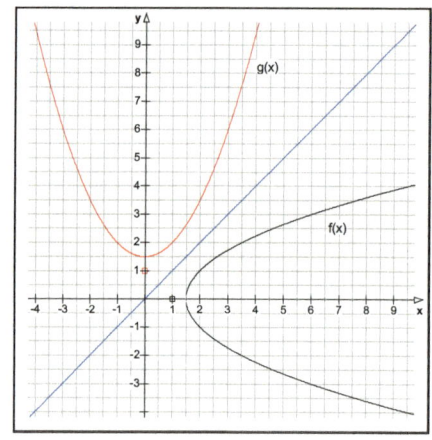

Ausgehend von Gleichung [18.1] und mit Punkt Q bestimmen wir nun so wie bisher die Berührpunkte C und die Tangenten u.

Am Berührpunkt C gilt:

$$g(x) = u(x) \qquad\qquad\qquad [18.2]$$

Für die Tangente u gilt die Gleichung:

$$u(x) = mx + b \qquad\qquad\qquad [18.3]$$

und damit folgt für den Achsenabschnitt b die Gleichung

$$b = y - mx$$

$$\text{mit } Q(0\,/\,1)$$

$$\Downarrow$$

$$b = 1 - m\cdot 0$$

$$b = 1 \qquad\qquad [18.4]$$

Da am Berührpunkt C der Funktionsgraph und die Tangente die gleiche Steigung haben, gilt:

$$g'(x) = m$$

$$x = m \qquad\qquad [18.5]$$

Wir setzen nun die Gleichungen [18.3], [18.4] und [18.5] in Gleichung [18.2] ein und erhalten:

$$g(x) = u(x)$$

$$\frac{1}{2}x^2 + \frac{3}{2} = mx + b$$

$$\frac{1}{2}x^2 + \frac{3}{2} = mx + 1$$

$$\frac{1}{2}x^2 + \frac{3}{2} = x\cdot x + 1$$

$$\frac{1}{2}x^2 + \frac{3}{2} = x^2 + 1$$

$$\frac{1}{2}x^2 - \frac{1}{2} = 0 \qquad\qquad [18.6]$$

Gleichung [18.6] wird nach x aufgelöst und wir erhalten damit die Berührpunkte.

$$\frac{1}{2}x^2 - \frac{1}{2} = 0$$

$$x^2 = 1$$

$$x_1 = +1$$

$$x_2 = -1$$

Daraus ergeben sich mit der Funktionsgleichung für g(x) die Berührpunkte C und mit Gleichung [18.5] die Tangentensteigungen und mit Gleichung [18.4] die Achsenabschnitte der Tangenten u.

$$g(x_1) = \frac{1}{2}x_1^2 + \frac{3}{2} \qquad\qquad g(x_2) = \frac{1}{2}x_2^2 + \frac{3}{2}$$

$$g(1) = \frac{1}{2} \cdot 1^2 + \frac{3}{2} \qquad\qquad g(-1) = \frac{1}{2} \cdot (-1)^2 + \frac{3}{2}$$

$$g(1) = 2 \qquad\qquad\qquad\quad g(-1) = 2$$

$$m_1 = x_1 \qquad\qquad\qquad m_2 = x_1$$
$$m_1 = 1 \qquad\qquad\qquad\quad m_2 = -1$$

$$b_1 = 1 \qquad\qquad\qquad\quad b_2 = 1$$

$$C_1(1/2) \qquad\qquad\qquad C_2(-1/2)$$
$$u_1(x) = x + 1 \qquad\qquad u_2(x) = -x + 1$$

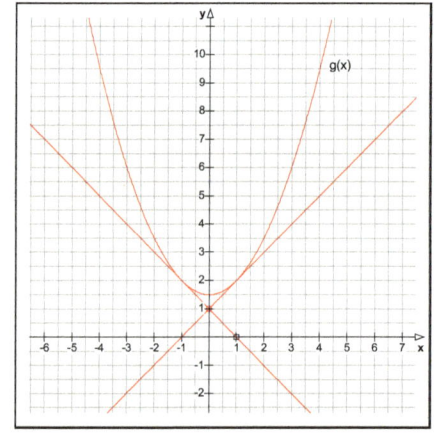

Wir berechnen nun noch aus $C_1$ und $C_2$ die Berührpunkte $B_1$ und $B_2$ des Graphen von f(x) und aus den Tangenten $u_1(x)$ und $u_2(x)$ die Gleichungen der Tangenten $t_1$ und $t_2$ an den Funktionsgraphen von f(x) durch den Punkt P.

$$C_1(1/2) \Rightarrow B_1(2/1) \qquad\qquad C_2(-1/2) \Rightarrow B_2(2/-1)$$

$$u_1(x) = x + 1 \qquad\qquad\qquad u_2(x) = -x + 1$$

$$y = x + 1 \qquad\qquad\qquad\quad y = -x + 1$$
$$x = y + 1 \qquad\qquad\qquad\quad x = -y + 1$$
$$y = x - 1 \qquad\qquad\qquad\quad y = -x + 1$$

$$t_1(x) = x - 1 \qquad\qquad\qquad t_2(x) = -x + 1$$

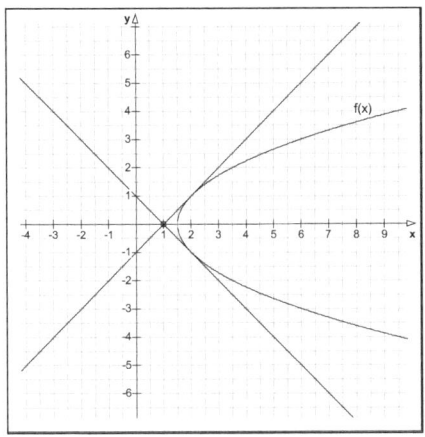

**Aufgabe 19)**
Gegeben ist die Funktion $f(x) = \sqrt{x} - a$. Berechnen Sie alle Tangentengleichungen $t(x)$ an den Funktionsgraphen, die durch den Punkt P(8/3-a) gehen, sowie die zugehörigen Berührpunkte.

Lösung:
Wir bestimmen zunächst die Umkehrfunktion von $f(x)$ sowie den zu Punkt P gespiegelten Punkt Q:

$$f(x) = \sqrt{x} - a$$
$$y = \sqrt{x} - a$$
$$x = \sqrt{y} - a$$
$$x + a = \sqrt{y}$$
$$(x + a)^2 = y$$
$$x^2 + 2ax + a^2 = y$$
$$g(x) = x^2 + 2ax + a^2 \qquad [19.1]$$

$$P(8/3 - a) \Rightarrow Q(3 - a/8)$$

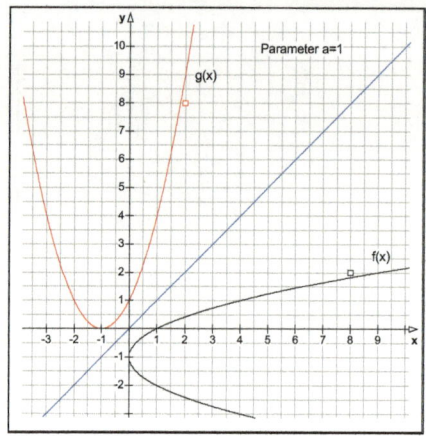

Ausgehend von Gleichung [19.1] und mit Punkt Q bestimmen wir nun so wie bisher die Berührpunkte C und die Tangenten u.

Am Berührpunkt C gilt:

$$g(x) = u(x) \qquad\qquad [19.2]$$

Für die Tangente u gilt die Gleichung:

$$u(x) = mx + b \qquad\qquad [19.3]$$

und damit folgt für den Achsenabschnitt b die Gleichung

$$b = y - mx$$

$$\text{mit } Q(3 - a / 8)$$
$$\Downarrow$$

$$b = 8 - m\cdot(3 - a)$$

$$b = -m(3 - a) + 8 \qquad\qquad [19.4]$$

Da am Berührpunkt C der Funktionsgraph und die Tangente die gleiche Steigung haben, gilt:

$$g'(x) = m$$

$$2x + 2a = m \qquad\qquad [19.5]$$

Wir setzen nun die Gleichungen [19.3], [19.4] und [19.5] in Gleichung [19.2] ein und erhalten:

$$g(x) = u(x)$$
$$x^2 + 2ax + a^2 = mx + b$$
$$x^2 + 2ax + a^2 = mx - m(3-a) + 8$$
$$x^2 + 2ax + a^2 = (2x + 2a)\cdot x - (2x + 2a)\cdot(3-a) + 8$$
$$x^2 + 2ax + a^2 = 2x^2 + 2ax - 6x + 2ax - 6a + 2a^2 + 8$$

$$x^2 + x(2a - 6) + (8 - 6a + a^2) = 0 \qquad [19.6]$$

Gleichung [19.6] wird nach x aufgelöst und wir erhalten damit die Berührpunkte.

$$x^2 + x(2a - 6) + (8 - 6a + a^2) = 0$$
$$x_{1,2} = \frac{-(2a - 6) \pm \sqrt{(2a - 6)^2 - 4\cdot 1\cdot(8 - 6a + a^2)}}{2\cdot 1}$$
$$x_{1,2} = \frac{-2a + 6 \pm \sqrt{4a^2 - 24a + 36 - 32 + 24a - 4a^2}}{2}$$
$$x_{1,2} = \frac{-2a + 6 \pm \sqrt{4}}{2}$$
$$x_1 = 4 - a$$
$$x_2 = 2 - a$$

Daraus ergeben sich mit der Funktionsgleichung für g(x) die Berührpunkte C und mit Gleichung [19.5] die Tangentensteigungen und mit Gleichung [19.4] die Achsenabschnitte der Tangenten u.

$$g(x_1) = x_1^2 + 2ax_1 + a^2 \qquad\qquad g(x_2) = x_2^2 + 2ax_2 + a^2$$
$$g(4 - a) = (4 - a)^2 + 2a(4 - a) + a^2 \qquad g(2 - a) = (2 - a)^2 + 2a(2 - a) + a^2$$
$$g(4 - a) = 16 - 8a + a^2 + 8a - 2a^2 + a^2 \qquad g(2 - a) = 4 - 4a + a^2 + 4a - 2a^2 + a^2$$
$$g(4 - a) = 16 \qquad\qquad g(2 - a) = 4$$

$$m_1 = 2x_1 + 2a \qquad\qquad m_2 = 2x_2 + 2a$$
$$m_1 = 2(4 - a) + 2a \qquad\qquad m_2 = 2(2 - a) + 2a$$
$$m_1 = 8 \qquad\qquad m_2 = 4$$

$$b_1 = -m(3 - a) + 8 \qquad\qquad b_2 = -m(3 - a) + 8$$
$$b_1 = -8(3 - a) + 8 \qquad\qquad b_2 = -4(3 - a) + 8$$
$$b_1 = -16 + 8a \qquad\qquad b_2 = -4 + 4a$$

$$C_1(4 - a / 16) \qquad\qquad C_2(2 - a / 4)$$
$$u_1(x) = 8x - 16 + 8a \qquad\qquad u_2(x) = 4x - 4 + 4a$$

57

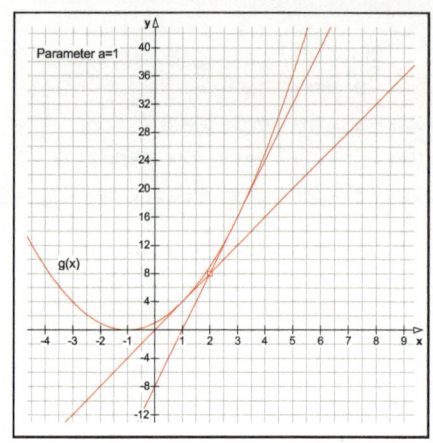

Wir berechnen nun noch aus $C_1$ und $C_2$ die Berührpunkte $B_1$ und $B_2$ des Graphen von $f(x)$ und aus den Tangenten $u_1(x)$ und $u_2(x)$ die Gleichungen der Tangenten $t_1$ und $t_2$ an den Graphen von $f(x)$ durch den Punkt P.

$$C_1(4-a/16) \Rightarrow B_1(16/4-a) \qquad\qquad C_2(2-a/4) \Rightarrow B_2(4/2-a)$$

$$u_1(x) = 8x - 16 + 8a \qquad\qquad\qquad u_2(x) = 4x - 4 + 4a$$

$$y = 8x - 16 + 8a \qquad\qquad\qquad y = 4x - 4 + 4a$$
$$x = 8y - 16 + 8a \qquad\qquad\qquad x = 4y - 4 + 4a$$
$$y = \frac{1}{8}x + 2 - a \qquad\qquad\qquad y = \frac{1}{4}x + 1 - a$$

$$t_1(x) = \frac{1}{8}x + 2 - a \qquad\qquad\qquad t_2(x) = \frac{1}{4}x + 1 - a$$

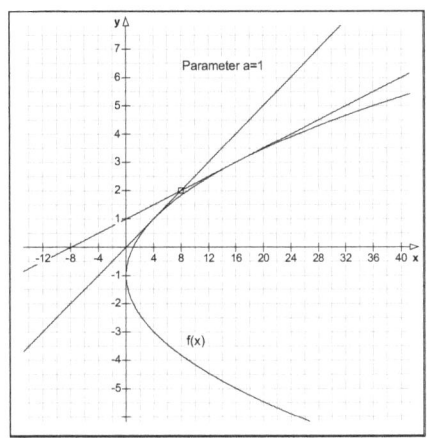

**Aufgabe 20)**

Gegeben ist die Funktion $f(x) = a\sqrt{2+x}$. Berechnen Sie alle Tangentengleichungen $t(x)$ an den Funktionsgraphen, die durch den Punkt $P(1/2a)$ gehen, sowie die zugehörigen Berührpunkte.

Lösung:

Wir bestimmen zunächst die Umkehrfunktion von $f(x)$ sowie den zu Punkt P gespiegelten Punkt Q:

$$f(x) = a\sqrt{2+x}$$

$$y = a\sqrt{2+x}$$

$$x = a\sqrt{2+y}$$

$$x^2 = a^2(2+y)$$

$$\frac{x^2}{a^2} = 2+y$$

$$y = \frac{x^2}{a^2} - 2$$

$$g(x) = \frac{x^2}{a^2} - 2 \qquad [20.1]$$

$$P(1/2a) \Rightarrow Q(2a/1)$$

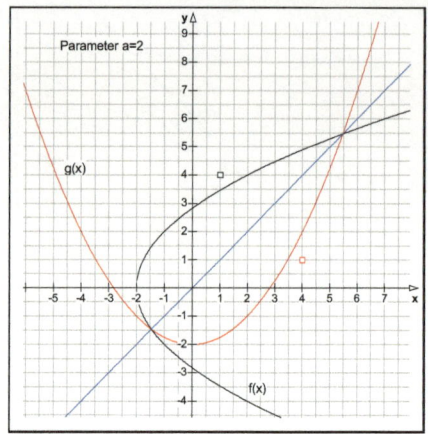

Ausgehend von Gleichung [20.1] und mit Punkt Q bestimmen wir nun so wie bisher die Berührpunkte C und die Tangenten u.

Am Berührpunkt C gilt:

$$g(x) = u(x) \qquad\qquad [20.2]$$

Für die Tangente u gilt die Gleichung:

$$u(x) = mx + b \qquad\qquad [20.3]$$

und damit folgt für den Achsenabschnitt b die Gleichung

$$b = y - mx$$

$$\text{mit } Q(2a/1)$$
$$\Downarrow$$

$$b = 1 - m \cdot 2a$$

$$b = 1 - 2am \qquad\qquad [20.4]$$

Da am Berührpunkt C der Funktionsgraph und die Tangente die gleiche Steigung haben, gilt:

$$g'(x) = m$$

$$\frac{2}{a^2} x = m \qquad\qquad [20.5]$$

Wir setzen nun die Gleichungen [20.3], [20.4] und [20.5] in Gleichung [20.2] ein und erhalten:

$$g(x) = u(x)$$

$$\frac{x^2}{a^2} - 2 = \frac{2}{a^2} x \cdot x + (1 - 2am)$$

$$\frac{x^2}{a^2} - 2 = \frac{2}{a^2} x \cdot x + (1 - 2a \frac{2}{a^2} x)$$

$$\frac{x^2}{a^2} - 2 = \frac{2}{a^2} x^2 + 1 - \frac{4}{a} x$$

$$\frac{1}{a^2} x^2 - \frac{4}{a} x + 3 = 0 \qquad\qquad [20.6]$$

Gleichung [20.6] wird nach x aufgelöst und wir erhalten damit die Berührpunkte.

$$\frac{1}{a^2} x^2 - \frac{4}{a} x + 3 = 0$$

$$x_{1,2} = \frac{-(-\frac{4}{a}) \pm \sqrt{(-\frac{4}{a})^2 - 4 \cdot \frac{1}{a^2} \cdot 3}}{2 \cdot \frac{1}{a^2}}$$

$$x_{1,2} = \frac{\frac{4}{a} \pm \sqrt{\frac{16}{a^2} - \frac{12}{a^2}}}{\frac{2}{a^2}}$$

$$x_{1,2} = \frac{\frac{4}{a} \pm \frac{2}{a}}{\frac{2}{a^2}}$$

$$x_1 = \frac{\frac{6}{a}}{\frac{2}{a^2}}$$

$$x_1 = 3a$$

$$x_2 = \frac{\frac{2}{a}}{\frac{2}{a^2}}$$

$$x_2 = a$$

Daraus ergeben sich mit der Funktionsgleichung für g(x) die Berührpunkte C und mit Gleichung [20.5] die Tangentensteigungen und mit Gleichung [20.4] die Achsenabschnitte der Tangenten u.

$$g(x_1) = \frac{x_1^2}{a^2} - 2 \qquad\qquad g(x_2) = \frac{x_2^2}{a^2} - 2$$

$$g(3a) = \frac{(3a)^2}{a^2} - 2 \qquad\qquad g(a) = \frac{a^2}{a^2} - 2$$

$$g(3a) = \frac{9a^2}{a^2} - 2 \qquad\qquad g(a) = \frac{1}{1} - 2$$

$$g(3a) = 7 \qquad\qquad\qquad g(a) = -1$$

$$m_1 = \frac{2}{a^2} x_1 \qquad\qquad m_2 = \frac{2}{a^2} x_2$$

$$m_1 = \frac{2}{a^2} 3a \qquad\qquad m_2 = \frac{2}{a^2} a$$

$$m_1 = \frac{6}{a} \qquad\qquad\qquad m_2 = \frac{2}{a}$$

$$b_1 = 1 - 2am_1 \qquad\qquad b_2 = 1 - 2am_2$$

$$b_1 = 1 - 2a\frac{6}{a} \qquad\qquad b_2 = 1 - 2a\frac{2}{a}$$

$$b_1 = -11 \qquad\qquad\qquad b_2 = -3$$

$$C_1(3a/7) \qquad\qquad\qquad C_2(a/-1)$$

$$u_1(x) = \frac{6}{a}x - 11 \qquad\qquad u_2(x) = \frac{2}{a}x - 3$$

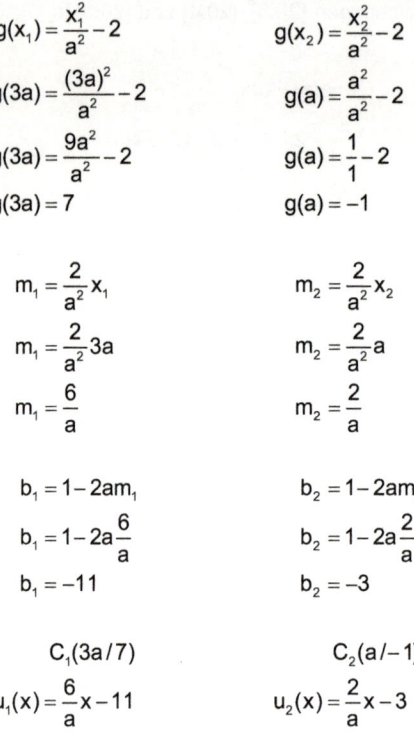

Parameter a=2

g(x)

Wir berechnen nun noch aus $C_1$ und $C_2$ die Berührpunkte $B_1$ und $B_2$ des Graphen von f(x) und aus den Tangenten $u_1(x)$ und $u_2(x)$ die Gleichungen der Tangenten $t_1$ und $t_2$ an den Graphen von f(x) durch den Punkt P.

$$C_1(3a/7) \Rightarrow B_1(7/3a) \qquad\qquad C_2(a/-1) \Rightarrow B_2(-1/a)$$

$$u_1(x) = \frac{6}{a}x - 11 \qquad\qquad u_2(x) = \frac{2}{a}x - 3$$

$$y = \frac{6}{a}x - 11 \qquad\qquad y = \frac{2}{a}x - 3$$

$$x = \frac{6}{a}y - 11 \qquad\qquad x = \frac{2}{a}y - 3$$

$$y = \frac{a}{6}x + \frac{11a}{6} \qquad\qquad y = \frac{a}{2}x + \frac{3a}{2}$$

$$t_1(x) = \frac{a}{6}x + \frac{11a}{6} \qquad\qquad t_2(x) = \frac{a}{2}x + \frac{3a}{2}$$

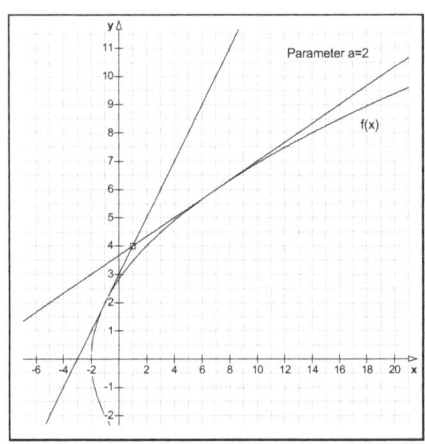

## Aufgabe 21)

In den bisherigen Aufgaben wurde immer nach den Tangenten gefragt. In den jetzt Folgenden wird die Berechnung der Normalengleichungen verlangt, also der Geraden, die den Funktionsgraphen senkrecht schneiden.

Gegeben ist die Funktion $f(x) = x^2$. Berechnen Sie alle Normalengleichungen $n(x)$ an den Funktionsgraphen, die durch den Punkt $P(0/1,5)$ gehen, sowie die zugehörigen Schnittpunkte.

Lösung:
Am Schnittpunkt D gilt:

$$f(x) = n(x) \qquad\qquad\qquad [21.1]$$

Für die Normale n gilt die Gleichung:

$$n(x) = mx + b \qquad [21.2]$$

und damit folgt für den Achsenabschnitt b die Gleichung

$$b = y - mx$$

$$\text{mit } P(0/1,5)$$
$$\Downarrow$$

$$b = 1,5 - m \cdot 0$$

$$b = 1,5 \qquad [21.3]$$

Da am Schnittpunkt D der Funktionsgraph und die Normale senkrecht aufeinander stehen, gilt:

$$f'(x) = -\frac{1}{m}$$
$$2x = -\frac{1}{m}$$

$$m = -\frac{1}{2x} \qquad [21.4]$$

Wir setzen nun die Gleichungen [21.2], [21.3] und [21.4] in Gleichung [21.1] ein und erhalten:

$$f(x) = n(x)$$
$$x^2 = -\frac{1}{2x} \cdot x + 1,5$$
$$x^2 = -\frac{1}{2} + \frac{3}{2}$$

$$x^2 = 1 \qquad [21.5]$$

Wir bestimmen aus Gleichung [21.5] die x-Werte der Schnittpunkte.

$$x^2 = 1$$
$$x_1 = +1$$
$$x_2 = -1$$

Mit der Funktionsgleichung ergeben sich die y-Werte der Schnittpunkte und mit Gleichung [21.4] die Normalensteigungen und mit Gleichung [21.3] haben wir bereits den Achsenabschnitt beider Normalengleichungen.

$$f(x_1) = x_1^2 \qquad\qquad f(x_1) = x_1^2$$
$$f(1) = 1 \qquad\qquad\qquad f(-1) = 1$$

$$m_1 = -\frac{1}{2x_1} \qquad\qquad m_2 = -\frac{1}{2x_2}$$

$$m_1 = -\frac{1}{2 \cdot 1} \qquad\qquad m_2 = -\frac{1}{-2}$$

$$m_1 = -\frac{1}{2} \qquad\qquad m_2 = \frac{1}{2}$$

$$b_1 = 1,5 \qquad\qquad\qquad b_2 = 1,5$$

$$D_1(1/1) \qquad\qquad\qquad D_2(-1/1)$$

$$n_1(x) = -\frac{1}{2}x + 1,5 \qquad\qquad n_2(x) = \frac{1}{2}x + 1,5$$

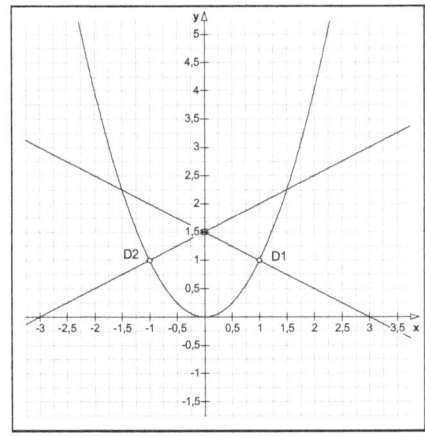

Wir erkennen in der Abbildung die beiden Punkte $D_1$ und $D_2$, in denen die Geraden n senkrecht auf dem Funktionsgraphen stehen. Bei den beiden anderen Schnittpunkten ist dies nicht der Fall, und der Winkel zwischen dem Funktionsgraphen und der Geraden beträgt nicht 90°.

**Aufgabe 22)**

Gegeben ist die Funktion $f(x) = \dfrac{1}{x}$. Berechnen Sie alle Normalengleichungen $n(x)$ an den Funktionsgraphen, die durch den Punkt P(2,5/2,5) gehen, sowie die zugehörigen Schnittpunkte.

Lösung:
Am Schnittpunkt D gilt:

$$f(x) = n(x) \qquad\qquad [22.1]$$

Für die Normale n gilt die Gleichung:

$$n(x) = mx + b \qquad\qquad [22.2]$$

und damit folgt für den Achsenabschnitt b die Gleichung

$$b = y - mx$$

$$\text{mit } P(2,5 / 2,5)$$
$$\Downarrow$$

$$b = 2,5 - m{\cdot}2,5$$

$$b = 2,5 - 2,5m \qquad\qquad [22.3]$$

Da am Schnittpunkt D der Funktionsgraph und die Normale senkrecht aufeinander stehen, gilt:

$$f'(x) = -\frac{1}{m}$$
$$(\frac{1}{x})' = -\frac{1}{m}$$
$$-\frac{1}{x^2} = -\frac{1}{m}$$

$$m = x^2 \qquad\qquad [22.4]$$

Wir setzen nun die Gleichungen [22.2], [22.3] und [22.4] in Gleichung [22.1] ein und erhalten:

$$f(x) = n(x)$$

$$\frac{1}{x} = x^2 \cdot x + 2{,}5 - 2{,}5 \cdot x^2$$

$$\frac{1}{x} = x^3 - 2{,}5x^2 + 2{,}5$$

$$1 = x \cdot x^3 - x \cdot 2{,}5x^2 + x \cdot 2{,}5$$

$$1 = x^4 - 2{,}5x^3 + 2{,}5x$$

$$x^4 - 2{,}5x^3 + 2{,}5x - 1 = 0 \qquad\qquad [22.5]$$

Wir bestimmen aus Gleichung [22.5] die x-Werte der Schnittpunkte. Es handelt sich um eine Gleichung 4. Grades, sodass wir zwei Nullstellen der Gleichung durch probieren finden müssen. Aufgrund der beiden mittleren Summanden, des kubischen und des linearen Teils, die sich im Vorzeichen unterscheiden, versuchen wir die beiden Werte +1 und -1.

$$x^4 - 2{,}5x^3 + 2{,}5x - 1 = 0$$

$$\text{mit}$$
$$x_1 = +1$$
$$(+1)^4 - 2{,}5 \cdot (+1)^3 + 2{,}5 \cdot (+1) - 1 = 0$$
$$1 - 2{,}5 + 2{,}5 - 1 = 0$$
$$0 = 0$$

$$\text{mit}$$
$$x_2 = -1$$
$$(-1)^4 - 2{,}5 \cdot (-1)^3 + 2{,}5 \cdot (-1) - 1 = 0$$
$$1 + 2{,}5 - 2{,}5 - 1 = 0$$
$$0 = 0$$

Wir haben demnach mit +1 und -1 zwei Nullstellen gefunden und können über eine Polynomdivision den Grad der Gleichung auf 2 reduzieren.

$$x^4 - 2,5x^3 + 2,5x - 1 = 0$$

$$(x^4 - 2,5x^3 + 0x^2 + 2,5x - 1) : (x+1)(x-1) = z(x)$$
$$(x^4 - 2,5x^3 + 0x^2 + 2,5x - 1) : (x^2 - 1) = z(x)$$

$$(x^4 - 2,5x^3 + 0x^2 + 2,5x - 1) : (x^2 - 1) = x^2 - 2,5x + 1$$

$$
\begin{array}{l}
\underline{x^4 + 0x^3 - x^2} \\
\quad -2,5x^3 - x^2 + 2,5x \\
\quad \underline{-2,5x^3 \quad\quad + 2,5x} \\
\quad\quad\quad\quad x^2 \quad\quad -1 \\
\quad\quad\quad\quad \underline{x^2 \quad\quad -1} \\
\quad\quad\quad\quad 0 \quad\quad\quad 0
\end{array}
$$

$\Downarrow$

$$z(x) = x^2 - 2,5x + 1$$

Aus $z(x)$ bestimmen wir nun zwei weitere Nullstellen für die Gleichung [22.5].

$$z(x) = x^2 - 2,5x + 1$$
$$x^2 - 2,5x + 1 = 0$$
$$x_{3,4} = \frac{-(-2,5) \pm \sqrt{(-2,5)^2 - 4 \cdot 1 \cdot 1}}{2 \cdot 1}$$
$$x_{3,4} = \frac{2,5 \pm \sqrt{6,25 - 4}}{2}$$
$$x_{3,4} = \frac{2,5 \pm \sqrt{2,25}}{2}$$
$$x_{3,4} = \frac{2,5 \pm 1,5}{2}$$
$$x_3 = +2$$
$$x_4 = +\frac{1}{2}$$

Mit den Werten für $x_1$, $x_2$, $x_3$ und $x_4$ haben wir nun die x-Werte der Schnittpunkte bestimmt, an denen die Gerade durch den Punkt $P(2,5/2,5)$ senkrecht auf dem Funktionsgraphen von $f(x) = \frac{1}{x}$ steht.

$$x_1 = +1 \quad x_2 = -1 \quad x_3 = +2 \quad x_4 = +\frac{1}{2}$$

Mit der Funktionsgleichung ergeben sich die y-Werte der Schnittpunkte und mit Gleichung [22.4] die Normalensteigungen und mit Gleichung [22.3] die Achsenabschnitte der vier Normalen.

$$f(x_1) = \frac{1}{x_1} \qquad\qquad f(x_2) = \frac{1}{x_2}$$
$$f(1) = 1 \qquad\qquad\quad f(-1) = -1$$

$$m_1 = x_1^2 \qquad\qquad m_2 = x_2^2$$
$$m_1 = 1^2 \qquad\qquad\; m_2 = (-1)^2$$
$$m_1 = 1 \qquad\qquad\;\; m_2 = 1$$

$$b_1 = 2,5 - 2,5m_1 \qquad b_2 = 2,5 - 2,5m_2$$
$$b_1 = 2,5 - 2,5{\cdot}1 \qquad b_2 = 2,5 - 2,5{\cdot}1$$
$$b_1 = 0 \qquad\qquad\quad b_2 = 0$$

$$D_1(1/1) \qquad\qquad D_2(-1/-1)$$
$$n_1(x) = x \qquad\qquad n_2(x) = x$$

$$f(x_3) = \frac{1}{x_3} \qquad\qquad f(x_4) = \frac{1}{x_4}$$
$$f(2) = 0,5 \qquad\qquad f(0,5) = 2$$

$$m_3 = x_3^2 \qquad\qquad m_4 = x_4^2$$
$$m_3 = 2^2 \qquad\qquad\; m_4 = (0,5)^2$$
$$m_3 = 4 \qquad\qquad\;\; m_4 = 0,25$$

$$b_3 = 2,5 - 2,5m_3 \qquad b_4 = 2,5 - 2,5m_4$$
$$b_3 = 2,5 - 2,5{\cdot}4 \qquad b_4 = 2,5 - 2,5{\cdot}0,25$$
$$b_3 = -7,5 \qquad\qquad b_4 = 1,875$$

$$D_3(2/0,5) \qquad\qquad D_4(0,5/2)$$
$$n_3(x) = 4x - 7,5 \qquad n_4(x) = 0,25x + 1,875$$

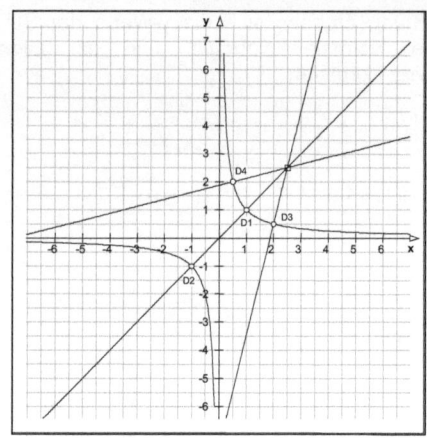

Mit den Normalen 3 und 4 ergeben sich zwei weitere Schnittpunkte mit dem Funktionsgraphen von f(x) im dritten Quadranten. Bei diesen Schnittpunkten beträgt jedoch der Schnittwinkel nicht 90°.

**Aufgabe 23)**

Gegeben ist die Funktion $f(x) = \dfrac{1}{x^2}$. Berechnen Sie alle Normalengleichungen n(x) an den Funktionsgraphen, die durch den Punkt P(0/0,5) gehen, sowie die zugehörigen Schnittpunkte.

Lösung:
Am Schnittpunkt D gilt:

$$f(x) = n(x) \tag{23.1}$$

Für die Normale n gilt die Gleichung:

$$n(x) = mx + b \tag{23.2}$$

und damit folgt für den Achsenabschnitt b die Gleichung

$$b = y - mx$$

mit P(0 / 0,5)
$\Downarrow$

$$b = \frac{1}{2} - m \cdot 0$$

70

$$b = \frac{1}{2} \qquad\qquad [23.3]$$

Da am Schnittpunkt D der Funktionsgraph und die Normale senkrecht aufeinander stehen, gilt:

$$f'(x) = -\frac{1}{m}$$

$$(\frac{1}{x^2})' = -\frac{1}{m}$$

$$-\frac{2}{x^3} = -\frac{1}{m}$$

$$m = \frac{1}{2}x^3 \qquad\qquad [23.4]$$

Wir setzen nun die Gleichungen [23.2], [23.3] und [23.4] in Gleichung [23.1] ein und erhalten:

$$f(x) = n(x)$$

$$\frac{1}{x^2} = \frac{1}{2}x^3 \bullet x + \frac{1}{2}$$

$$\frac{1}{x^2} = \frac{1}{2}x^4 + \frac{1}{2}$$

$$1 = \frac{1}{2}x^6 + \frac{1}{2}x^2$$

$$x^6 + x^2 - 2 = 0 \qquad\qquad [23.5]$$

Wir bestimmen aus Gleichung [23.5] die x-Werte der Schnittpunkte. Hierzu substituieren wir $x^2 = z$ und erhalten:

$$z^3 + z - 2 = 0$$

Es handelt sich um eine Gleichung 3. Grades, sodass wir eine Nullstelle der Gleichung durch probieren finden müssen. Da alle Koeffizienten ganze Zahlen sind, ist eine Nullstelle Teiler des absoluten Glieds. Wir probieren demnach als erstes z=1 und erhalten:

$$\text{mit}$$

$$z_1 = 1$$

$$\Downarrow$$

$$1^3 + 1 - 2 = 0$$

$$0 = 0$$

Wir können jetzt über eine Polynomdivision mit dem Linearfaktor (z-1) den Grad der Gleichung um eins reduzieren:

$$z^3 + z - 2 = 0$$

$$\Downarrow$$

$$(z^3 + 0z^2 + z - 2) : (z - 1) = z^2 + z + 1$$

$$\begin{array}{l} z^3 - z^2 \\ \quad + z^2 + z \\ \quad + z^2 - z \\ \qquad + 2z - 2 \\ \qquad + 2z - 2 \end{array}$$

Wir berechnen nun aus dem Ergebnis der Division die weiteren Nullstellen:

$$z^2 + z + 1 = 0$$

$$z_{2,3} = \frac{-1 \pm \sqrt{1^2 - 4 \cdot 1 \cdot 1}}{2 \cdot 1}$$

$$z_{2,3} = \frac{-1 \pm \sqrt{-3}}{2}$$

$$\Downarrow$$

keine weiteren Nullstellen in $\mathbb{R}$

Wir erkennen, dass durch die negative Diskriminante keine weiteren reellen Lösungen vorhanden sind. Aus dem Wert für $z_1$ erhalten wir die x-Werte:

$$x^2 = z$$

$$x = \sqrt{z}$$

mit

$$z = 1$$
$$\Downarrow$$

$$x_1 = +1$$
$$x_2 = -1$$

Mit der Funktionsgleichung ergeben sich die y-Werte der Schnittpunkte und mit Gleichung [23.4] die Normalensteigungen und mit Gleichung [23.3] haben wir bereits den Achsenabschnitt beider Normalengleichungen.

$$f(x_1) = \frac{1}{x_1^2} \qquad\qquad f(x_2) = \frac{1}{x_2^2}$$

$$f(1) = 1 \qquad\qquad\qquad f(-1) = 1$$

$$m_1 = \frac{1}{2}x_1^3 \qquad\qquad m_2 = \frac{1}{2}x_2^3$$

$$m_1 = \frac{1}{2}(+1)^2 \qquad\qquad m_2 = \frac{1}{2}(-1)^3$$

$$m_1 = \frac{1}{2} \qquad\qquad\qquad m_2 = -\frac{1}{2}$$

$$b_1 = \frac{1}{2} \qquad\qquad\qquad b_2 = \frac{1}{2}$$

$$D_1(1/1) \qquad\qquad\qquad D_2(-1/1)$$

$$n_1(x) = \frac{1}{2}x + \frac{1}{2} \qquad\qquad n_2(x) = -\frac{1}{2}x + \frac{1}{2}$$

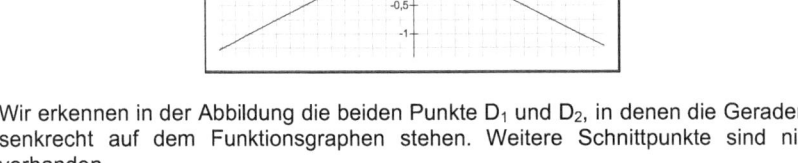

Wir erkennen in der Abbildung die beiden Punkte $D_1$ und $D_2$, in denen die Geraden n senkrecht auf dem Funktionsgraphen stehen. Weitere Schnittpunkte sind nicht vorhanden.

**Aufgabe 24)**

Gegeben ist die Funktion $f(x) = \sqrt{x}$. Berechnen Sie alle Normalengleichungen n(x) an den Funktionsgraphen, die durch den Punkt P(1,5/0) gehen, sowie die zugehörigen Schnittpunkte.

Lösung:
Am Schnittpunkt D gilt:

$$f(x) = n(x) \qquad [24.1]$$

Für die Normale n gilt die Gleichung:

$$n(x) = mx + b \qquad [24.2]$$

und damit folgt für den Achsenabschnitt b die Gleichung

$$b = y - mx$$

$$\text{mit } P(1,5/0)$$
$$\Downarrow$$

$$b = 0 - m \cdot 1,5$$

$$b = -1,5m \qquad [24.3]$$

Da am Schnittpunkt D der Funktionsgraph und die Normale senkrecht aufeinander stehen, gilt:

$$f'(x) = -\frac{1}{m}$$
$$(\sqrt{x})' = -\frac{1}{m}$$
$$\frac{1}{2\sqrt{x}} = -\frac{1}{m}$$

$$m = -2\sqrt{x} \qquad [24.4]$$

Wir setzen nun die Gleichungen [24.2], [24.3] und [24.4] in Gleichung [24.1] ein und erhalten:

$$f(x) = n(x)$$
$$\sqrt{x} = -2\sqrt{x} \cdot x - 1,5 \cdot (-2\sqrt{x})$$
$$x^{1/2} = -2x^{3/2} + 3x^{1/2}$$

$$x^{3/2} - x^{1/2} = 0 \qquad [24.5]$$

Wir bestimmen aus Gleichung [24.5] die x-Werte der Schnittpunkte. Hierzu substituieren wir $x^{1/2} = z$ und erhalten:

$$z^3 - z = 0$$

Es handelt sich um eine Gleichung 3. Grades, bei der wir z einmal ausklammern können:

$$z^3 - z = 0$$
$$z(z^2 - 1) = 0$$

$$z_1 = 0$$

$$z^2 - 1 = 0$$
$$z^2 = 1$$

$$z_2 = +1$$
$$z_3 = -1$$

Für die x-Werte erhalten wir:

$$x^{\frac{1}{2}} = z \qquad x^{\frac{1}{2}} = z \qquad x^{\frac{1}{2}} = z$$

$$x_1 = z_1^2 \qquad x_2 = z_2^2 \qquad x_3 = z_3^2$$
$$x_1 = 0 \qquad x_2 = 1 \qquad x_3 = 1$$

Mit der Funktionsgleichung ergeben sich die y-Werte der Schnittpunkte und mit Gleichung [24.4] die Normalensteigungen und mit Gleichung [24.3] die Achsenabschnitte der Normalengleichungen.

$$f(x_1) = \sqrt{x_1} \qquad f(x_2) = \sqrt{x_2} \qquad f(x_3) = \sqrt{x_3}$$
$$f(0) = 0 \qquad f(1) = +1 \qquad f(1) = -1$$

$$m_1 = -2\sqrt{x_1} \qquad m_2 = -2\sqrt{x_2} \qquad m_3 = -2\sqrt{x_3}$$
$$m_1 = -2\sqrt{0} \qquad m_2 = -2\sqrt{1} \qquad m_3 = -2\sqrt{1}$$
$$m_1 = 0 \qquad m_2 = -2 \qquad m_3 = +2$$

$$b_1 = -1,5m_1 \qquad b_2 = -1,5m_2 \qquad b_{13} = -1,5m_3$$
$$b_1 = -1,5 \cdot 0 \qquad b_2 = -1,5 \cdot (-2) \qquad b_3 = -1,5 \cdot 2$$
$$b_1 = 0 \qquad b_2 = 3 \qquad b_2 = -3$$

$$D_1(0/0) \qquad D_2(1/1) \qquad D_3(1/-1)$$
$$n_1(x) = 0 \qquad n_2(x) = -2x + 3 \qquad n_3(x) = 2x - 3$$

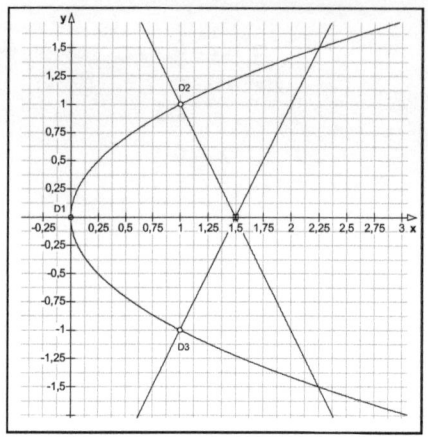

Die Normale 1 liegt auf der x-Achse und die Schnittpunkte der beiden anderen Normalen liegen jeweils symmetrisch zur x-Achse. Dabei sind bei 2 Schnittpunkten die Geraden und der Funktionsgraph nicht senkrecht zueinander.